U0246780

幽雅阅读 ①

翳然林水

棲心中国园林之境

王毅 著

图书在版编目（CIP）数据

翳然林水：棲心中国园林之境 / 王毅著. -- 北京：北京大学出版社，2017.7
（幽雅阅读）
ISBN 978-7-301-28424-7

Ⅰ.①翳… Ⅱ.①王… Ⅲ.①古典园林—园林艺术—中国 Ⅳ.① TU986.62

中国版本图书馆 CIP 数据核字 (2017) 第 137159 号

书　　名 翳然林水：棲心中国园林之境
Yiran Linshui
著作责任者 王毅 著
策划编辑 杨书澜
责任编辑 闵艳芸
标准书号 ISBN 978-7-301-28424-7
出版发行 北京大学出版社
地　　址 北京市海淀区成府路 205 号　100871
网　　址 http://www.pup.cn　新浪微博：@ 北京大学出版社
电子信箱 minyanyun@163.com
电　　话 邮购部 62752015　发行部 62750672　编辑部 62752824
印 刷 者 北京中科印刷有限公司
经 销 者 新华书店
787 毫米 ×1092 毫米　A5　11.75 印张　210 千字
2017 年 7 月第 1 版　2022 年 4 月第 2 次印刷
定　　价：88.00 元

总序

幽雅阅读

北京大学副校长　吴志攀

一杯清茶、一本好书，让神情安静，寻得好心情。

躁动的时代，要寻得身心安静，真不容易；加速周转的生活，要保持一副好心情，也很难。物质生活质量比以前提高了，精神生活质量呢？不一定随物质生活提高而同步增长。住房的面积大了，人的心胸不一定开阔。

保持一个好心情，不是可用钱买到的。即便有了好心情，也难以像食品那样冷藏保鲜。每一个人都有自己高兴的方法：在北方春日温暖的阳光下，坐在山村的家门口晒晒太阳；在城里街边的咖啡店，与朋友们喝点东西，天南地北聊聊；精心选一盘江南丝竹调，用高音质音响放出美好乐曲；人人都回家的周末，小孩子在忙功课，妻子边翻报纸边看电视，我倒一杯清茶，看一本好书，享受幽雅阅读时光。

离家不远处，有一书店。店里的书的品位，比较适合学校教书者购买。现在的书，比我读大学时多多了；书的装帧，也比过去更讲究了；印书的用纸，比过去好像也白净了许多。能称得上好书者，却依然不多。一般的书，是买回家的，好书是“淘”回家的。

何谓要“淘”的好书？仁者见仁，智者见智。依我之管见，书者，拿在手上，只需读过几行，便会感到安稳，心情如平静湖面上无声滑翔的白鹭，安详自在。好书者，乃人类精神的安慰剂，好心情保健的灵丹妙药。

在笔者案头上，有一本《水远山长——汉字清幽的意境》，称得上好书。它是“幽雅阅读”丛书中的一本，作者是台湾文人杨振良。杨先生祖籍广东平远，2004年猴年是他48岁的本命年。台湾没有经过大陆的“文革”，中国传统文化在杨先生这一代人知识与经验的积累中一直传承下来，没有中断，不需接续。

台湾东海岸的花莲，多年前我曾到访过那里：青山绿水，花香鸟鸣。作者在如此幽静的大自然中写作，中国文字的诗之意境，词之意趣，便融入如画的自然中去了。初读这本书的简体字书稿，意绪不觉随着文字，被带到山幽水静之中。

策划这套书的杨书澜女士邀我作序，对我来说是一个机缘，步入这套精美的丛书之中，享受作者们用情感文字搭建的“幽雅阅读”想象空间。这套书包括中国的瓷器、书法、国画、建筑、园林、家具、服饰、乐器等多种，每种书都传达出独特的安逸氛围。但整套书之间，却相互融合。通览下来，如江河流水，汇集于中国古代艺术的大海。

笔者不是中国艺术方面的专家，更不具东方美学专长，只是这类书籍不可救药的一位痴心读者。这类好书对于我，如鱼与水，鸟与林，树与土，云与天。在生活中，我如果离开东方艺术读物，便会感到窒息。

中国传统艺术中的诗、书、画、房、园林、服饰、家具，小如“核舟”之精微，细如纸张般的景德镇薄胎瓷，久远如敦煌经卷上唐墨的光泽，幽静如杭州杨公堤畔刘庄竹林中的读书楼，一切都充满着神秘与含蓄之美。

几千年来古人留下的文化，使中国人有深刻的悟性，有独特的表达，看问题有特别的视角，有不同于西方人的简约。中国人有东方的人文精神，有自己的艺术抽象，有自己的文明源流，也有和谐的生活方式。西方人虽然在自然科学领域，在明清时代超过了中国。但是，他们在工业社会和后现代化社会，依然不能离开宗教而获得精神的安慰。中国人从古至今，不依靠宗教而在文化艺术中获得精神安慰和灵魂升华。通过这些可物化可视觉的幽雅文化，并将它们融入日常生活，这是中国文化的艺术魅力。

难道不是这样吗？看看这套书中介绍的中国家具，既可以使用，又可以作为观赏艺术，其中还有东西南北的民间故事。明代家具已成文物，不仅历史长，而且工艺造型独特。今天的仿制品，虽几可乱真，但在行家眼里，依然无法超越古代匠人的手艺。现代的人是用手做的，古代的人是用心做的。当今高档商品房小区，造出了假山和溪水，让居民在窗口或阳台上感受到“小桥流水人家”，但是，远在历史中的诗情画意是用精神感悟出来的意境，都市里的人难以重见。

现代中国人的服饰水平，有时也会超过巴黎。但是，超过了又怎样呢？日本人的服装设计据说已赶上法国，韩国人超过了意大利。但是，中国服装特有的和谐，内在的韵律，飘逸的衣袖，恬静的配色，难以用评论家的语言来解释，只能够“花欲解语还多事，石不能言最可人”。

在实现现代化的进程中，我们千万不要忽视了自己的文化。年近花甲的韩国友人对笔者说，他解释中国的文化是“所有该有的东西都有的文化”，美国文化是“一些该有的东西却没有的文化”。笔者联想到这套“幽雅阅读”丛书，不就是对中国千年文化遗产的一种传播吗？感谢作者，也感谢编辑，更感谢留给我们丰富文化的祖先。

阅读好书，可以给你我一片幽雅安静的天地，还可以给你我一个好心情。

2004年12月8日于北大蓝旗营

目录

北京颐和园一景，颐和园为“世界文化遗产”之一

引言

中国古典园林是中国古代艺术和文化的综合结晶

中国古典园林作为中国文化的结晶，不仅受到越来越多国人的欣赏和珍爱，而且也成为人类文化遗产中独具风韵的珍宝之一。

那么，如果人们要问：中国古典园林为什么能够具有如此的魅力、它究竟以什么独特的审美境界打动着从古到今的无数人们？如果人们希望更深入一些地领会和把握中国古典园林在艺术上和文化上的内涵，又需要从什么地方开始才能更方便地步入那通幽的曲径呢？

我们说，如果做稍微细致的分析和归纳，就不难看到中国古典园林至少有三项富于魅力的内容，吸引着人们努力对它们有更

苏州拙政园中的曲桥流水、假山回廊，拙政园为“世界文化遗产”之一

多一些的知晓和更深入一些的理解：

其一是中国古典园林精湛的景观艺术所蕴涵的艺术理念、美学境界和艺术方法。中国古典园林有着非常丰富和谐而又具有自然韵致的景观体系，所以几乎每一个游览者都可以真切地感到中国古典园林特有的景观魅力：尽管它们千妍百魅，各具风姿，尽管江南私家园林中的小桥流水、粉垣逶迤，在风格上大大不同于北方宫苑中的苍岩深壑、碧水浮天，然而人们还是可以很容易地从中国各地古典园林中无处不在的美景，体会到它们之中深藏着某种共通的景观艺术原则和趣味。因此，了解这些艺术上的道理和方法，就是更好地欣赏古典园林所需要的。

其二是中国古典园林作为一种大空间尺度的综合性文化艺术的载体，它本身就含纳或者联系着丰富众多的艺术文化门类，其中至少包括：绘画、哲学、文学、园艺、各种工艺美术、室内装饰、文玩陈设、园居者日常起居所涉及的各种生活艺术、节俗和礼俗等等。因此，中国的古典园林往往就像是中国文化大厦的一个精美的入口——从这个入口起步，人们就可以“步移景换”地观赏到由众多文化艺术的精品连缀而成的“画廊”。

同时，园林又不仅仅是一座只具有引导作用的通道和包容展示作用的博物馆，而实际上，它还无时无刻不是与所有这些文化艺术门类融汇交织在一起的，它们之间随处都有着相通相融的艺术主题和艺术方法，所以通过对于中国古典园林的探究，我们也就可以更为方便地触类旁通，从而了解中国文化艺术作为一个完整体系的特点、发展脉络和精神内核。

其三，优秀的古典园林作品不仅为人们提供了一个惬意优雅的居住和游览场所，也不仅是为中国丰富多彩的各类文化艺术提供了相互组合映衬的空间，在进一步的层面上，园林景观还被赋予了深致的精神内涵。中国文化中的人格精神、哲学理想、宇宙观念等等原本最具思辨色彩的东西，最后都在园林中通过丰富和谐的艺术方式体现出来，所以，园林也就是人们精神寄托和超越性追求的艺术化载体；古典园林以一种鲜活的艺术方式，构筑了能够引领人们进入中国文化之精神内质的通路。

出于上述的原因，所以本书内容也就是大体围绕着中国古典园林的艺术特点、艺术方法，中国古典园林与中国文化艺术之间究竟如何相辅相成，以及中国古典园林的精神境界这样三个大的方面而展开的。希望通过这样的叙述，能够使读者对于园林艺术本身、园林与文化之间千丝万缕的关联以及园林景观背后更深层的精神追求，有一个全面而贯通的了解。

最后要说明的是本书的体例：作为一本面向较多读者的艺术史著作，本书的内容力求浅显易懂，避免涉及中国园林发展史和园林文化中许多艰深的问题；读者如果对这类问题感兴趣的话，可以阅读我在《园林与中国文化》(上海人民出版社1990年版，50万字)一书中更具学术性的说明。

再有，考虑到长久以来人们对于中国艺术的介绍评论，比较习惯使用泛蔓夸饰的形容和比喻[1]，这样的语汇让我们充分领略到中国艺术中蕴涵的那种绮彩和韵律之美，但对于今人来说，却可能过于凌空蹈虚、浮泛无边，难免让人感慨“鸳鸯绣出从君看，不把金针度与人”那样的不得要领。出于这样的原因，本书避免照搬引述那些虽在中国古典艺术史中具有重要地位但其表述方式侧重感悟玄思的理论和概念，而是希望将这些内容用尽量通俗明了的语言和示例简要地介绍给读者。

根据笔者多年的体会，我们从优秀的艺术作品中得到美好感人的印象，这是很寻常的事情；但是若要一眼扫过就能精准地判别出哪件艺术品是经典作品、哪些东西只是平庸之作，尤其是要十分贴切地说明每一件经典作品的妙处究竟在哪里、其间每一处艺术要素的特点是什么、诸多要素之间是依据什么样的逻辑关系而组合结构等等问题，就不太容易，甚至需要多年留心和细致训练才能具备这样犀利的眼光。尤其当我们面对园林、绘画、建筑、

1 比如明代园林理论家计成在《园冶》一书“园说”篇中的文字：“围墙隐约于萝间，架屋蜿蜒于木末；山楼凭远，纵目皆然；竹坞寻幽，醉心即是。轩楹高爽，窗户虚邻；纳千顷之汪洋，收四时之烂漫……”

雕塑、家具等造型艺术时，仅仅知道了许多书籍热衷介绍的那些大套美学原理、玄而又玄的“艺术精神”是远远不够的，因为所有这些艺术都是在一个又一个非常具象的空间尺度设置中，用千变万化却又最为确切实在的艺术要素和艺术技法造就的，所以如果我们不能逐一看破所有这些具体的空间关系、艺术要素和技法的关键究竟在哪里，也就谈不到对“艺术原理”“美学风格”的真切理解，甚至很难说是“读懂”了中国园林和艺术；这就好像如果科学家不掌握他试验过程的每一个细微的环节、法官没有能力解析案例中诸多琐细证据间的逻辑关系，那么在比较宏观的层面期待科学精神和法治精神就是空话一样。

出于这样的体会，所以本书用许多有代表性的图例来说明中国古典园林艺术的主要内容；尤其是在图片下面用尽量简明清晰的文字说明，直接解析图例中所标示每一处园林作品的艺术特点、结构原理、空间原则等等问题。笔者希望能够通过这样一些十分具体的解析，来帮助读者在众多初看时可能是满眼混沌一体、难辨泾渭的园景画面中，发现诸如“一山一水的对应关系”“一处小景中含蕴的多层空间结构”“几个院落之间的尺度比例和转折方式”等等无数很细致的园林艺术方法。而一旦我们具备了这种分析的眼光和空间逻辑上的贯通能力，那么中国古典园林的魅力究竟在哪里，也就真正展露在我们面前了。

一

横看成岭侧成峰 远近高低各不同

中国古典园林呈现在人们眼前的，首先是一种内容非常丰富的景观艺术；人们从园林山水布置的极富匠心、园林建筑的工巧奂美、园林空间组合变化的和谐精当、园林小品的精致工巧等不胜枚举的地方，感受到了这门艺术之中不尽的美感。同时，如果我们稍稍留意就不难发现，在中国古典园林的众多作品中，随着具体园林所处地域、园居者身份地位、造园者的艺术宗旨等等的不同，从而展现出各自独特的风貌。它们一方面在精神气质和艺术手法上有着千丝万缕的联系和相通之处，同时又在许多方面有着区别于其他园林的特质。所以，为了比较细致地了解古典园林的艺术成就和文化内涵，下面先介绍一下中国古典园林体系之中大致的分类及其各自的特色。

中国古典园林的分类可以有许多具体的角度，比如从地域特点来说，可以分为北方园林、江南园林与岭南园林等等。不过更通常的方式是综合其基本特点而把它们分成如下的四类，即：皇家园林（宫苑园林）、士人园林、寺院园林、自然郊野园林。这种分类大致涵盖了中国古典园林的主要形态。

体象天地，包蕴山海
——中国传统的皇权国家与中国古典皇家园林

在中国古典园林中，皇家园林最为知名，人们熟悉的北京颐和园、北海、承德避暑山庄，以及现在仅存遗址的北京圆明园等，都是皇家园林的典型作品。那么中国的皇家园林具有哪些文化和艺术上的特点呢？

我们说，现在大家看到的颐和园等等皇家园林，基本上都是清代乾隆以后，即中国皇权社会晚期的作品，这些后期作品与皇家园林数千年发展过程中一些更早的作品相比，虽然已经有了相当的不同，但是它们毕竟在一些基本的方面，依旧延续着皇家园林的传统。

不论是在文化的内涵还是在艺术的风格上，中国皇家园林的特点显然都与中国皇权社会的制度形态有着最直接的关联，在某种程度上甚至可以说，皇家园林不过是皇权政治结构和皇权制度理念的一种艺术化的形式。大家知道，中国皇权社会虽然在后来日益落后于近代以来世界的潮流，但是在中古时代它却达到了当时世界文化的高峰。而成就出如此辉煌的主要原因之一，就是中国自秦汉以后建立并日益完善的大一统皇权制度（以及相关的政治结构和社会组织）。简单说来，这个制度的基本原则就是广大国家中的政治、经济、行政、法律、宗教以及相应的文化形态等等一切因素，都要以皇权为核心而构建运行，也就是《史记·秦始皇本纪》所概括的："天下事无大小，皆决于上。"

这样一种政治体制的建立，使得皇权国家具有了一系列重要的制度禀赋，其中与园林有密切关系甚至是直接决定了皇家园林风貌的，比如：皇家广有四海的统一政治模式和地理观念——我们知道在战国以前，中国人对"世界"的定义还是很狭小的，那时只有种族的观念（因为除了几个直接的封国之外，周王朝还是被许多分散而立的种族国家所包围），而没有"天下一统"的观念；那时所说的"九州""四海"等等世界的空间格局，也还十分空泛模糊，但以后情况就完全不同了。从战国时开始，由于受到当时天文学和地理学的空前发现、交通的扩展、诸侯国之间政治外交经济等交往的大增等因素的促进，人们对于时空观念有了巨大的进步，其具体表现之一就是建立起清晰的地理模式，即以“大九州”为基本内容、以“大四极”为边际的一个空前庞大的地理空间；这个地理模式同时还与人们心目中的天文星空的格局分野相互契合一体；而这个空前庞大的宇宙，又是以秦汉以后建立起来的统一的皇权为核心的。这样一来，皇权在整个宇宙中主导性的位置，就第一次地被强烈地突显出来。

战国秦汉以后的上述宇宙模式当然不会仅仅是一种空泛的理念，恰恰相反，当时人们对于宇宙的这些认识，都要通过一系列的园林、建筑的形象而非常具体地体现出来。比如当时人们对于大帝国都城的规划设计，就是模拟和呼应着理想中的天体格局；再比如随着战国以后人们热衷于有关海洋的一切事情，于是发源于沿海齐国地区的“蓬莱神话”开始流行，并且很快压倒了以前的“昆仑神话”。而人们宇宙观念和信仰心理的这种变化，对于园林的发展就有非常直接的影响。因为在战国以前，人们出于对昆仑神话的信仰而将高山以及模仿高山而建的高台，视为具有崇高神性的地方，于是在诸侯国的宫苑设计中，也就流行建造众多高大的台基，并将宫殿建筑置于这些高台之上。直

1-1　圆明园四十景之一："九州清晏"景区

"九州清晏"是圆明园规模最大的主景区之一，康熙皇帝于1709年为此景区正殿书写的"圆明"二字匾额，标志着圆明园历史之始。本图所示为乾隆初年的风貌。乾隆皇帝对这处景观及其立意有详细的描述和解说："前临巨湖、渟泓演漾，周围支汊，纵横旁达。诸胜仿佛浔阳九派。驺衍谓'裨海周环为九州岛者九，大瀛海环其外'，兹境信若造物施设耶"—— 可见"九州清晏"设计宗旨，是源于战国哲学家驺衍的世界模式（"九州"之外为裨海，其外又有更为广阔无边的"大瀛海"环绕）。这也说明：在比较深入的文化层面中，战国秦汉时确立的世界模式和宇宙模式乃是园林空间构架的基础。

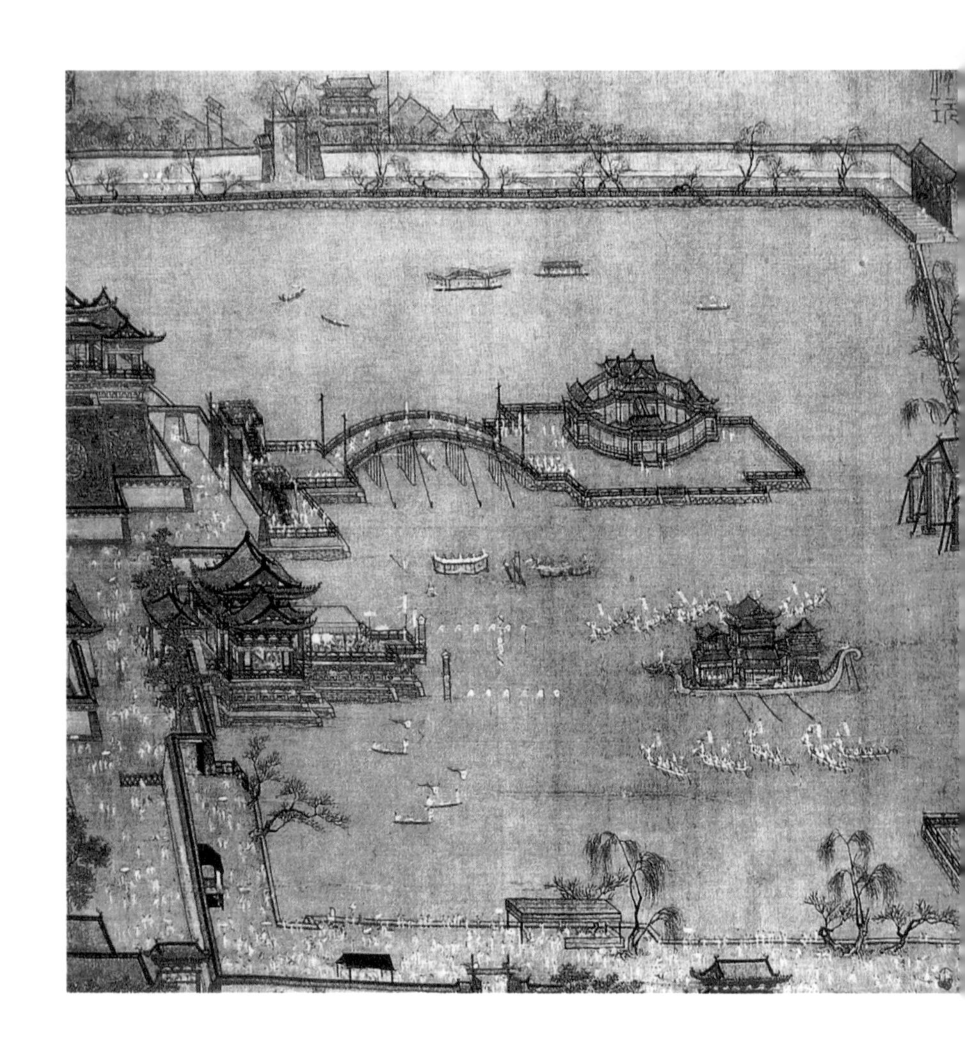

1-2 （传）北宋 · 张择端：《金明池夺标图》

从这幅著名的绘画作品中可以清楚地看到：北宋皇家园林依然承袭着汉代宫苑以来在大型水体中建造岛屿（或高台）的传统；同时可以看出：在北宋时，皇家园林中的建筑巍峨雄壮，陆上建筑与水中建筑在体量、风格等方面，形成相互呼应映衬的构景关系。

1-3　圆明园四十景之一："方壶胜境"景区

圆明园"方壶胜境""蓬岛瑶台"等景区的设置与寓意，都是继承秦汉宫苑模仿"海上三神山"的传统，这种设计直接体现着中国皇家园林的理念和艺术风格。

1-4　辽宁绥中秦碣石宫主建筑群及东、西阙楼复原鸟瞰图（杨鸿勋教授绘制）

秦始皇在各地修建了大量的宫苑，其建筑理念是以这些庞大的园林建筑作为自己帝国的象征，比如他在渤海边修建的这处宫苑，自河北省秦皇岛至辽宁省绥中县，延亘近百里。极其宽阔的阙门行道一直延伸到大海之中、并且以一对巨大的天然礁石作为整个宫苑的阙门。这样的设计，鲜明地体现出空前统一庞大的皇权帝国“囊括四海”的政治理念以及将这种理念充分融入皇家园林艺术之中的要求。

1-5　颐和园主景区中的水体、山体与巍峨的建筑群

弘阔的水面与体量巨大的山体之间的相互组合，形成了皇家园林的复杂景观体系的基本骨架；而水体与山体在空间布局上的展开与变化，又为园林中各种建筑和景观群落的穿插布置提供了基础。

到今天，在山东临淄齐国故城的宫苑遗址、山西侯马宫殿遗址、邯郸赵王城遗址中，都依然留有几米至十几米高的筑土高台，其规模之大仍然让人瞠目（临淄齐国故城中的“桓公台”残高仍有 14 米，南北长 86 米）。由此可以想见两千多年前宫苑崇尚高台建筑的审美风尚。但是由于战国以后人们对于海洋的憧憬以及与海洋密切相关的“蓬莱神话”之兴起，所以宫苑格局中昔日流行的以体量巨大的高台为美，也就让位给人们对于海洋的模拟。比如秦始皇将渭水引入长安，形成了以巨大的水面环绕岛屿（以这些岛屿象征蓬莱、瀛洲等仙岛）的园林格局。汉武帝在长安宫苑中，就模拟大海而开挖了“昆明池”“太液池”，并在池中模拟海上仙山而建了高二十丈的“渐台”等巨大人造山体，等等。

从此，“海中建山”就成为了中国皇家园林中山水景观体系的特点，一直到明清仍然如此。这种以自然或人工模拟的山水为骨架、以形态丰富多变的建筑等为附属景观的构景方式，也成了中国皇家园林乃至其他主要类型园林的基本格局。

除了上述内容之外，不论是在文化理念上、还是在造园艺术方面，中国的皇家园林还具有其他一些鲜明的特点。比如：因为需要充分体现皇权国家的等级秩序和皇权的无限威严，所以皇家园林的主要景区一般都具有富丽堂皇、气势恢弘的特点，

1-6 北京北海琼华岛上的“承露台”

我们现在看到的清代皇家园林，仍然或多或少地承袭了皇家园林发展初期的种种设置，比如通过修建高台而沟通现世帝王与天神之间的交往，这是从上古到汉代宫苑园林的一个基本的主题。至清代园林中，虽然还保留着类似的建筑和名称（“承露台”的意思就是承接天神赐予的甘露），但是其体量形制已经非常纤巧，其功能也已经变为园林中一处装点性的小景了。

1-7　承德避暑山庄一景

皇家园林的主景区一般以广袤的山岭和大型的水体为骨架，从而形成境界阔大、气象不凡的园林空间格局，并且成为众多建筑群落和景观群落相互之间结构组合的基础。

1-8　**清·冷枚:《避暑山庄图》**

承德避暑山庄全园占地 5.6 平方公里，由于造园者对地貌做了精心的选择，所以为组织和展现丰富的园林景观提供了优越的条件，即当时人所描写的：“群峰回合，清流萦绕。……古称西北山川所雄奇，东南多幽曲，此地实兼美焉。”

1-9 **颐和园主建筑群**

颐和园的前山建筑群的中轴线非常严整鲜明，从而形成了全园的核心部分。在这条轴线上，从昆明湖边开始依次布列着“云辉玉宇牌坊”“排云门”“排云殿”“德辉殿”“佛香阁”“智慧海”一组大型建筑，这些建筑都以黄色琉璃瓦覆顶、并依山势层层升高，以这种气氛强烈的建筑语言，突出了皇家宫苑金碧辉煌、君临天下和万方尊仰的无上气派。

而且其景区和景观群的轴线也非常突出，例如圆明园“正大光明”景区和“九州清晏”景区，以及颐和园前山主轴线上的建筑群（见图 1-9）。由此使得这些核心景区和景观对于全园其他景观的主导统摄地位十分突出。

1-10 **颐和园“乐农轩”**

这类景区都是模拟田园景象而建，其主旨在于表现皇家的重农、亲农情结和政策，亦即乾隆皇帝题咏圆明园“多稼如云”诗中所说：“稼穑艰难尚可知，黍高稻下入畴谘。弄田常有仓箱庆，四海如兹念在兹。”而为了突出景区中的农家质朴风格，“乐农轩”用石片代替屋瓦，房屋的木构件也完全不施油漆彩饰。

再比如，在承德避暑山庄周围、颐和园、静宜园等清代皇家园林中，都建有大型的藏式庙宇群，并形成了这些庙宇对于园林中主建筑群的拱卫关系，从而表现出中国传统社会中，皇权对于宗教文化的统领。

又比如，由于中国传统社会始终是建立在农业文明基础之上，所以重农劝农成为了历代皇权国家的基本国策。而经邦治国的这类理念，在皇家园林中也有相应的体现，所以圆明园、颐和园中，就都建有模拟田园风光的景点和景区（见图 1–10）。在富丽堂皇的皇家园林中偏要设置这样的景区和景点，这当然有

1-11　皇家园林中的一处建筑小品

——七彩琉璃砖塔

按照中国的传统社会规范，各个阶层的生活用品规格和生活环境的规制，都必须严格符合他们在宗法等级秩序中的地位，也就是《荀子》中对“王者之制”的阐释：“衣服有制，宫室有度，人徒有数，丧祭械用，皆有等宜。”由于皇家园林是宗法制度形态最典型的艺术表现方式之一，所以其间许多具体景物都是按照上述等级规范而设计的，除了大型的水体、山体和庞大辉煌的宫室建筑群等等直接体现着皇家权力的显赫之外，园林中许多小型建筑以及园林小品等装饰性很强的景观，也都塑造得精工富丽，像这座琉璃砖塔所用的七彩琉璃砖瓦，即为皇家建筑所专用。

1–12　**颐和园“谐趣园”中的“湛清轩”**

颐和园“谐趣园”为仿文人园林而建，“湛清轩”也是以文人情趣而命名，但是楹联中“九华仙乐奏南薰，万笏晴山朝北极”的口吻气象，仍鲜明地表现出皇家园林的特点。

几分矫情造作的气息，但是因为造园者通过精心的布置（比如在这些田园风景区与其他景区之间设置了分隔、遮蔽与过渡的地带），所以仍然能够造就出几分疏朴的气氛，并且成为整座园林中别具一格的地方。

在艺术手法和装饰风格上，皇家园林也具有鲜明的特点。比如园林各种景物（尤其是建筑）的色调多艳丽富贵，五代词人冯延巳《寿山曲》曾描写这种景象是：“催启五门金锁，犹垂三殿帘栊。阶前御柳摇绿，仗下宫花散红。”再比如，由于“溥天之下莫非王土，率土之滨莫非王臣”的制度形态所决

1-13 北宋·无名氏：《朱云折槛图》(局部)

这是中国绘画史上描述宫廷故事的一幅著名作品，从中可以看到：皇家园林中形态各异的湖石假山都配以精美的基座，园林中栏杆的制作也非常细致考究。

定，皇家可以无限度地占有整个国家的财富和无偿地役使天下一切能工巧匠，而这样的便利，当然几乎使得皇家园林在景物的塑造、室内装饰与陈设，甚至无数园林小品的几乎每一细节上，可以极尽工巧、穷极奢华。

心无适俗韵，性本爱丘山

——中国文人园林的形成原因和文化内涵

除了皇家园林之外，文人园林是中国古典园林中另一重要的门类，同时也非常集中地体现了中国古典园林的一些基本理念和重要的艺术方法。因为流传至今的这些园林，主要集中在长江中下游传统士人文化高度发达的地区，所以它们又被称为“文人私家园林”或“江南园林”。

文人园林之所以能够在中国古典园林乃至整个中国传统文化艺术体系中占有重要的地位，从园林本身的角度来看，主要是因为它不仅是文人游览观赏的场所，而且尤其是他们朝夕生活居住和从事学术著述、艺术创作、聚会交往等各种文化活动的地方。因此，文人园林实际上也就是所有这些文人生活以及中国古代士人文化艺术得以产生的主要环境。随着中国传统士文化体系的不断发展成熟，其中极为丰富的内容，也就越来越密切地与文人世代生息其间的园林相互渗透、相互结合，比如我们在中国古典名著《红楼梦》中就可以看到：大观园一年四季之中无数的生活雅事和文化艺术活动（比如游览饮宴、结社赋诗、玩花赏月、品茗参禅、作画弈棋等等），无不是与这里优雅的园林景观交融在一起的。关于文人园林与中国传统文化体系之间这

1-14 （五代）孙位：《高逸图》（局部），纵 45.2 厘米，横 168.7 厘米，上海博物馆藏

以嵇康、阮籍等“竹林七贤”寄情山水田园的生活方式，以及由此表现出的独立人格，成为以后历代中国文人心中的典范和隐逸文化的象征，所以晋代以后，人们经常通过各种艺术形式而表达自己对“七贤”的景仰追慕，由此使“七贤”的园林生活方式和审美方式，成为中国文化中的一个经典性的主题。

此图即《竹林七贤图》，是中国绘画史上的名作，可惜已为残卷，残图中只余四贤。从中国园林史的角度来看，图中诸贤皆坐于秀美的山石和花木旁边，以表示他们的超迈人格是与居身其间的园林环境密切相关。

种充分的交融，在本书以后的章节中还将更详细地谈到。

而从更深入的层面看，文人园林所以能够具有如此丰富的文化内涵，主要还取决于士人阶层在中国古代整个文化体系之中的关键地位。用一个形象的比喻来说，与西方中世纪“天平式”的社会结构（教权、皇权、城市市民等因素彼此分立、相互制衡）不同，秦汉以后的中国社会是一种“秤式平衡”的结构形态：它的一端是庞大而统一的宗法社会（好像巨大的秤盘），而另一端是金字塔顶端的皇权（好像微小的秤杆梢）。要使这质量、形态均极不相称的两端实现平衡，唯一的办法就是在它们之间加进一个“秤砣”——即士大夫阶层。由“秤式平衡”的结构所规定，作为整个社会体系之中“秤砣”的士大夫阶层必须具备两大特点：一是其内在质量要极大，其人格禀赋、道德精神等等必须能够集中体现社会的根本利益和长远利益，否则就不可能平衡整个“秤式结构”；士人阶层的内在文化质量极大这一特点用传统术语来说，就是“内圣”。二是士人阶层必须具有在“秤式结构”中实现大幅度双向调节（既可以代表皇权去整合庞大的宗法社会，也可以代表宗法社会去抑制皇权的过分专制）的操作空间和操作方式，这一特点用传统术语说就是“外王”。中国士人阶层的这个基本特质，不仅决定了它在政治文化领域中的地位，而且决定了文人们的日常生活和审美生活中，也必须高度凝聚与上述文化性质相一致的理想和文化创造，这也就是许多文人园林尽管空间规模很小，但是其中文化内蕴非常丰厚的原因。由于文人园林的这些特点，所以不论是在文化内涵上还是在艺术手法上，它都对包括皇家园林在内的整个中国古典园林产生了许多或直接或间接的影响。

那么，文人园林的文化和艺术内涵具有哪些具体的特点呢？我们说，文人园林突出之处在于它不仅是一种充分艺术化的居住环境，而且更是文人阶层借以维系、传承和彰显自己政治理念、社会抱负、人格追求等等精神价值的基本方式。

上文提到，中国传统社会形态要求士人阶层必须具有自己相对独立于皇权的人格理想和生活方式；但是我们知道，在“率土之滨莫非王臣”的压力环境中，以积极进取的方式形成这种独立的人格理想和生活形态是十分艰难的，于是人们发展出了一种“代偿性”的方式，这就是士人阶层的“隐逸文化”——也就是说，文人阶层只能以“隐逸”（隐居山野、悠游林泉而不出仕为官）这种比较消极的方式维系自己相对独立于皇权的地位，并且逐步使“隐逸”发展成为一整套包括士人生活方式、审美理想、艺术创作等等在内的完整文化体系。

隐逸文化一般具有两部分最主要的内容，其一是作为其主导思想的老庄哲学，这一学说在中国古代社会中，与主张积极入世的儒家学说构成了相互平衡的关系，并且长期对士大夫阶层的生活志向产生着重大影响，所以通过崇尚隐逸文化和老庄哲学而保持士人的独立品格和精神自由，也就成了中国古代文化中的一个非常普遍的现象；其二，与老庄的哲学宗旨相呼应的，是士大夫阶层要求自己具体的生活环境和审美环境富于自然气息、远离权势尘嚣。因为隐逸文化和对于自然山水的向往具有上述深刻的文化和人格内涵，所以魏晋以后历代士人都对此倾注了巨大的情感，比如南宋著名士人楼钥所说：“自笑泉石成膏肓，爱赏不减蚁慕膻。”而随着隐逸文化的发展成熟，士大夫除了向往自然界中山水泉石的境界之外，更普遍地将这种爱赏倾注在对于自己生活环境的建造过程中；在这种努力之下，文人山水园林就越来越应运而兴。于是，文人园林因为它能够艺术地营造出摈弃尘嚣的自然山野气息，也就成了千百年中隐逸文化最重要的组成部分，甚至成为隐逸文化的哲学理念赖以存身的基础。

在秦汉以前，虽然已经有一些著名的隐士，但是此时他们的居住环境还十分粗陋。从东汉开始，随着人们审美和造园能力的提高，不愿出仕或者弃官归隐的文人们，也就开始努力将自己隐居的环境营造得更富于艺术美感和更多地寄寓自己的人格理想。东汉士人张衡（当时最著名的文学家和天文学家）、仲长统等人，在抒发胸中隐逸高蹈志向的同时，也描述了自己“背山临流，沟池环匝，竹木周布”的优美隐居环境。魏晋南北朝以后，隐逸文化迅速发展，不仅出现了诸如嵇康、向秀、郭象等等这样一些对隐逸哲学做出了充分理论阐释的学者，而且更出现了一大批诸如陶渊明、谢灵运、陶弘景等等在士人园林发展史上具有重要地位的人物。他们在对自己园林的营造以及在有关的园林的著作中，

1-15　上海嘉定区秋霞圃中的“小山丛桂轩”

在文人园林中，经常可以见到名为“丛桂轩”“小山丛桂”的景点和建筑。《楚辞》中淮南小山所作《招隐士》有“桂树丛生兮，山之幽”之句，人们认为这是以桂树之芬芳来比喻屈原品行之高洁。于是后人也就常用“丛桂”作为园林中景点和建筑的名称，以此表现园居者的隐逸情怀。

都对士人园林的一系列具体的美学原理、艺术手法做出了开创性的论述。而这些领袖人物的生活方式影响于整个上层社会，也就使构建园林并在其中体验隐逸文化的意趣，成为当时士大夫阶层中广为流行的一种风尚，比如史籍记载东晋著名的哲学家许询的生活方式是："好泉石，清风朗月，举酒永（咏）怀。……隐于永兴西山，凭树构堂，萧然自致。"而隐逸文化的迅速发展对后世文人的思想和生活更有久远的意义，明代著名文人王思任就说："今古风流，惟有晋代"——在唐宋直到明清历代士人文化的价值标准中，魏晋南北朝时期的那些名士都是隐逸文化和士人园林美学推崇的典范。

隐逸文化的成熟对士人园林的发展给予极大的促进，从此以后，千方百计营造出富于自然气息的园林成了中上层士人阶层普遍的生活内容和文化内容。唐代著名士大夫王维、李白、裴度、白居易，宋代的林逋、邵雍、司马光、苏轼、米芾、范成大、朱熹、杨万里、辛弃疾等等几乎所有的著名士人，都曾写下大量诗文以描写自己和友人崇尚隐逸文化、构建和游赏园林的生活，比如白居易对自己的园林景色以及园林隐居生活的描写："有石白磷磷，有水清潺潺；有叟头似雪，婆娑乎其间。进不趋要路，退不入深山；深山太落，要路多险艰。不如家池上，乐逸无忧患。"可见只有凭借文人园林的艺术氛围，才能保证文

— 横看成岭侧成峰 远近高低各不同

1-16　苏州沧浪亭外景

北宋苏舜钦官场失意之后，在苏州筑“沧浪亭”一园，并著《沧浪亭记》以记其事。今沧浪亭园外碧水环绕，颇似当年苏舜钦描述的“前竹后水，水之阳又竹。……澄川翠干，光影回合于轩户之间，尤与风月相宜”的景象。

一　横看成岭侧成峰　远近高低各不同

1-17 苏州网师园中的“濯缨阁”

“濯缨”也是文人园林用以标志主题的常用语汇，与上一例中的“沧浪”园名一样，都是用《孟子》中“沧浪之水清兮，可以濯吾缨”的典故，以表现园主不随波逐流的高远志向。

— 横看成岭侧成峰 远近高低各不同

1-18 《乾隆南巡图》中绘制的江南文人园林

乾隆皇帝酷爱江南的文人园林，所以借“南巡”的机会尽情游览，并命人将这些作品绘成图，以供观赏和仿建。

人阶层既入朝出仕，又能具有相对独立的人格。

我们在游览和了解中国文人园林时，一个需要留意的地方就是：文人园林总是与文人阶层对于人格理想的追求紧密联系在一起的。用北宋著名哲学家邵雍形容自己园林生活的诗句来说就是："乐天为事业，养志是生涯。"那么，中国文人园林又是如何具有了这样一种基本的文化内涵呢？

我们说，在中国传统文化中，士大夫阶层的道德完善和人格追求是一种社会意义十分突出的价值取向。之所以如此是因为：在中国传统制度的结构中，文化的积累和传播、政治体系的运作和平衡等等一系列最重要的社会文化功能、政治功能，都主要是由士人阶层承担的；这种状况就在客观上要求士人阶层具有高度的社会责任感和道德禀赋，从孔子、孟子到以后历朝历代的思想家，都把尊德修身作为士人阶层的基本追求之一，而这种追求的始终不辍也是士人阶层成为社会支柱的主要条件。由于具有这种根本性的需要，所以客观上要求士大夫不论境遇如何都不能放弃对理想人格的向往，比如宋代士人王禹偁描写自己命运的《三黜赋》就以这样的语句表明自己的道德志向："屈身兮不屈道，任百谪而何亏！吾当守正直兮佩仁义，期终身以行之。"正因为士人的人格修养和完善具有如此重要的意义，因此它也就成为了士人文化和生活中不可缺少的内容。而既然园林（特别是文人的宅园）是士人日常生活、文化活动、涵养心智的主要环境，那么它也就很自然地要以艺术化的方式突出士大夫的人格境界、表现士人阶层对人格完善的追求。

通过园林而表现出士人的人格精神，其具体的方式多种多样。比如我们在文人园林中，几乎随处可见“寄傲”“洗耳”“后乐”“颐志”等等标举园居者人格追求的题额。而前文提到的士人园林普遍以鄙夷权势、崇尚隐逸的独立人格作为园林文化的主旨，也是通过许许多多具体的艺术手法表现出来的。比如人们将形态奇崛的山石视为一种傲岸不屈人格的象征，并且将士人园林中这种景物的营构与自己的人格精神直接联系起来；再比如唐代大文学家柳宗元曾将自己园林中的溪、山、泉、池、堂、亭等等景物都用“愚”字来命名，以表示自己人格的孤高卓荦、与世俗的格格不入（见柳宗元《愚溪诗序》）。

再比如人们将岁寒不凋的松、竹、梅，出污泥而不染的荷花等等花木，作为高尚人格理想的寄托和象征而栽植于园林中，并且将它们视为具有生命心性、能够与自己理想的道德境界随时进行交流的友人。明代初年著名的士人方孝孺就曾将自己的园斋取名为“友竹轩”，他还写下了一篇《友竹轩赋》以描写园竹的高洁品性，以及自己徜徉其间、以竹为友的乐趣：

惟青青之玉立，俯漪漪之构轩。憩乐矣之幽情，处蔚然之深秀。……或弹棋而雅歌，或解衣而脱巾，或焚香而啜茗，或连句而鼎真。……辞曰：清清兮岁寒之心，温温兮琅琳之音，君子居兮实获我心。

他这种对园中之竹的赞美以及将自己许多的生活内容和文化活动都与园竹的色质和品性联系在一起，完全是基于对人格理想的期许和追求。类似的例子又比如，在《红楼梦》描写的大观园中，聪明高洁的黛玉所居住的“潇湘馆”是一处竹荫环绕、清幽宜人的园林；而这一片清幽雅洁的竹子，也就成为了她的人格化身。

在上述原则的影响之下，文人园林的经营设计就不仅仅是一种对自然景物的简单审美，而是进一步成为整个士大夫文化构建中的有机部分。比如明代末年的文人余怀在《看花诗自序》中就曾经清楚地说明，自己通过对园林花木的观赏而使感情得到寄托，并且使心境与古往今来许多著名士人灵犀相通：

古人不得志于时，必寓意于一物——如嵇叔夜之于琴，刘伯伦、陶元亮之于酒，恒子野之于笛，米元章之于石，陆鸿渐之于茶，皆是也。予之于花，亦寓意耳。

他在这里视为榜样的嵇叔夜，是魏晋之际“竹林七贤”的领袖、著名哲学家、文学家和音乐家嵇康；刘伯伦即“竹林七贤”之一的刘伶，他以善饮著称并写有专论饮酒中文人情趣的《酒德颂》；陶元亮即陶渊明；恒子野即东晋最擅吹笛的桓伊（他曾在淝水之战中与谢玄等人一起大破前秦军队）；米元章即宋代大书画家米芾，他拜庭院中的石头为“石兄”的故事很著名；陆鸿渐就是唐代有名的诗人、茶艺家陆羽。从余怀所举中国知识阶层史上这许多的有名例子不难看出：在传统的士人园林美学中，即使是对园中花木这样具体而微景物的品赏，也都是以士人人格的深远寄托以及中国士人历史的深厚文化积淀为基础的。反过来说，这些花木也同时成了能够体现文人人格精神和审美情趣的一种象征，而如果离开了人格精神的寄托，花木山石等等园景也就没有了内在的灵魂，所以著名文学家辛弃疾就说：“先有渊明后有菊，若无和靖（北宋著名文人林逋字“和靖”）即无梅。”下面图片所示，就是这样一些具体例子：

除了文人的私家园林之外，书院型园林也是文人园林的一种形式。由于中国聚徒讲学和科举制度的传统十分久远发达，所以历代都有著名的文人书院和庋藏书籍的楼阁府宅。而由于文人对于园林艺术的嗜尚，所以人们对于这些从事文化和学术活动处所的设计也就尽量使其园林化，并由此而促使其间的文化

1-19　苏州拙政园中的“远香堂”

“远香”袭用宋代哲学家周敦颐《爱莲说》中以荷花之高洁比喻士人理想人格的典故。此堂为园中正厅，四面装玻璃槅扇，以便在堂中任意欣赏周围的景色。

1-20 苏州沧浪亭中的“仰止亭”

名士贤人的道德气节、文采风流，不仅是士人文化价值体系的重要支柱，同时也对士人生活环境有相当的影响。比如此亭中刻有明代著名文学家和书画家文徵明的画像以及清乾隆皇帝咏赞他的诗篇，这种设计使小园的景观环境之中，具有了一种文化和人格传承上的脉络和底蕴。

1-21　苏州拙政园中的冰纹铺地

拙政园中有名为“玉壶冰”的小斋，斋名袭用南朝著名文学家鲍照“直如朱丝绳，清如玉壶冰”等诗句中的语词，以体现园林主人的人格理想。小斋的窗棂、斋前的铺地等等细节之处都装饰成冰裂纹，从这些地方，可以看出文人园林的文化内涵与艺术风格之间具有直接的联系。

1-22　上海南翔古猗园中遍植荷花的水面

文人园林经常通过具有特殊人格寓意的花木（例如梅花、荷花、菊花、翠竹等）和奇特独立的峰石等景物设置，来表现园居者超俗的精神境界。

1-23　苏州耦园“无俗韵轩”内景

东晋大诗人陶渊明《归园田居》中有“少无适俗韵，性本爱丘山”的名句，以后历代士人都效法陶渊明，把通过寄情山水而实现人格上的“无俗韵”“出俗韵”作为自己崇高的理想，例如唐代诗人孟郊所说：“君子业高文，怀抱多正思。砥行碧山石，结交青松枝。碧山无转易，青松难倾移。落落出俗韵，琅琅大雅词”——可见刊落俗韵、高标出尘，乃是历代士人构建园林的宗旨。

–24 苏州耦园“无俗韵轩”外景

从“无俗韵轩”前外望，透过风格雅洁洗练的回廊，山林景象宛然即在目前，颇有上引孟郊诗描写的“碧山石”和“青松枝”所呈现的韵致—— 由此可见在中国古典园林中，精神主旨的突显是与造景艺术方法的成功运用紧密结合在一起的。

1-25　苏州狮子林“立雪堂”内景

此堂是园居者读书的处所，堂内楹联为：“苍松翠竹真佳客，明月清风是故人”，以表示高洁的人格与园林景物的和谐。此联是袭用元代士人黄镇成一首咏园七绝中的后两句，其诗前两句为：“独酌何须问主宾，兴来鱼鸟亦相亲”——由此可见，使人格得到滋养抚慰、使心性在与天地万物的亲和交融中升华至澄明无碍的境界，这是山水审美和园林艺术最重要的文化功能之一。

1-26　苏州鹤园

在传统的士人文化中，鹤是一种特立独行的象征，南朝文学家鲍照曾在《舞鹤赋》中描写鹤高远的品格和志向："抱清迥之明心""指蓬壶而翻翰，望昆阆而扬音"；故此历代的文人园林也就经常通过诸如此类的意象以表现其主人的人格寄托。

1-27　杭州孤山"放鹤亭"

此处原为北宋诗人、隐士林和靖故居（巢居阁）旧址。元代至元年间，儒学提举余谦葺"林处士墓"，并建"梅亭"于墓下；当地人陈子安又建"鹤亭"配之，以纪念林和靖嗜爱梅、鹤，超逸独立的人格精神。明代嘉靖年间，钱塘县令王釴建"放鹤亭"，清代康熙帝曾命刑部员外郎宋骏业督工重建，并手书"放鹤"二字题额。现在的亭子系1915年重建，其内立有康熙临摹明代书法家董其昌所书鲍照《舞鹤赋》碑刻，这也是西湖风景区内最大的碑刻作品。放鹤亭四周遍植梅树，为孤山观梅的主要所在。

学术活动与对于山水园林的审美活动充分结合在一起。在中国美学史上，留下了大量描写书院园林景致的优美文字，这些都是书院文化与园林艺术高度融合的例证。

总之，中国文人园林之所以有这类意味隽永的造园方法，其实很大程度上都源于文人阶层的人格理想、社会理念；而反过来说，文人园林种种艺术方法、艺术手段的不断发展和不断精致化，也使得文人阶层的人格理想和社会理念可以通过一种高度艺术化的形式表现出来，使其具有了更为隽永深厚的文化内涵。

1-28 著名私家藏书楼“天一阁”的附属园林一角

天一阁是中国现存最古老的私家藏书楼，于明代嘉靖四十年（1561）由当时的兵部右侍郎范钦主持建造。

从南北朝开始，中国文人就有在私家园林中校勘收藏、雅集研讨文化典籍的风气，所以后世许多以庋集珍藏书籍著名的处所，同时也就是山水花木等景观设置相当完备的文人园林。宋明以后此风更盛，比如据《明史》记载，元末明初著名文人顾德辉“购古书、名画、彝鼎，秘玩。筑别业于茜泾西。曰‘玉山佳处’。晨夕与客置酒赋诗其中。……园池亭榭之盛，图史之富暨饩馆声伎，并冠绝一时”；又如中国绘画史上的“明四家”之一沈周，他“所居有水竹亭馆之胜，图书鼎彝充牣错列，四方名士过从无虚日，风流文彩照映一时。”而天一阁所承袭的，当然也是这样一种流传久远的文化艺术传统。

1-29a　苏州可园中的水景区以及正厅

1-29b　苏州可园山亭间所见景致，与上图中的水景区形成了对比

可园原名“乐园”，又名“近山林”，始建于清乾隆年间，清末改为书院，它比较典型地体现了中国文化中书院制度与士人园林之间的密切关联。

-30 乾隆版《莲池书院图咏》插图

保定“莲池书院”为园林史上著名遗构。元、明、清间历经扩建改建，曾作为苑囿、衙署，清雍正时在池西北建“莲池书院”，后辟为行宫，乾隆、嘉庆、慈禧等统治者巡临保定时均在此居住。由此可见中国书院园林的地位及其与其他形式园林的关系。

1-31　清　《大观园图》

儒道虽异门，云林颇同调

——中国古典园林的其他类型及各类园林间的影响借鉴

以上我们介绍了皇家园林与文人园林这中国古典园林中的两大主要类型。在中国古典园林中，除了上述两大类型之外，还有一些其他类型的园林。这主要是：府邸园林、寺院园林以及具有园林意味的山水风景区。

与皇家园林类似而又相当不同的一类园林，就是权贵的府邸园林。由于皇权在中国政治结构中高居于权力金字塔的顶端，

它的存在必须依靠皇权政体中一批权豪贵戚的奉戴，所以这些权贵人物也就相应地从皇权那里得到了相当丰厚的回报，其中就包括使他们拥有巨大的府邸、掌握雄厚的经济能力以及赐予他们仅次于皇帝和皇家的身份等级。由于这些条件，于是权贵之家也就流行兴建很大规模的庄园府邸并建造大型园林，这在中国历史上就有许多著名的例子，比如晋代石崇的“金谷园”、南宋贾似道的“南园”等等，这些园林不仅以富丽华美名冠一时，而且围绕着园林主人的命运悲喜剧，还留下了许多故事，供后人长久地回味和凭吊。至于这类府邸园林在后来的规模和艺术上

的风格，大家通过《红楼梦》等名著早有了相当的了解。而另一方面，又由于在中国传统的社会结构中，权豪贵族中的相当部分都是文人士大夫，于是府邸园林除了具有与皇家园林相似的某些特征之外，也与文人园林有着千丝万缕的联系，所以应该说，府邸园林是一种介于皇家园林与文人园林之间的园林类型。

除了府邸园林之外，寺院园林以及具有园林、文化意味的自然风景区也是中国古典园林中比较重要的分支。

我们知道，自东汉以后，佛教和道教在中国文化中都有着重要的地位和广泛深刻的影响，其中佛寺和道观成为中国建筑文化中重要的分支，就是这种文化地位和影响的存在方式之一。寺院的首要目的，当然在于集中表现人们对于神的崇拜等宗教性功能。但是由于中国宗教具有一系列不同于世界其他宗教的特点（比如上古以来的自然崇拜和祖先崇拜，在宗教中始终占有重要的地位；魏晋南北朝以后，宗教文化与士人文化日益相互影响和相互融合；皇权国家的制度形态和意识形态对于宗教具有极大的控制力，等等），所以这些特点都对寺院的风格、寺院建筑艺术与园林艺术的相互融合给予了相当积极的推动。比如中国佛教史上著名的人物、东晋时的慧远，他在庐山上建造的寺院在很大程度上就具有文人园林的风格：

1-32 袁世凯“养寿园”园门处的景致

1909年，袁世凯被迫下野之后，隐居在河南彰德洹上村“养寿园”中韬光养晦，所以这座园林就成为中国近代政治史上种种波谲云诡的一个小小注脚。此园今已不存，幸而保留下来的照片记录了“养寿园”当时的景致；同时这种在园林入门之处，以太湖石、乔灌木、小桥流水等的景物配置些许流露出园内景观的无限境界，也是一种很常用的造园手法。

创立精舍，洞尽山美，却负香炉之峰，傍带瀑布之壑。仍石叠基，即松栽构，清泉环阶，白云满室。复于寺内别置禅林，森树烟凝，石径苔合，凡在瞻履，皆神清而气肃焉。

至后来历代，中国的宗教也依然受到儒家和士人文化深刻影响，所以寺院园林的艺术风格也就留下了文人园林的深刻烙印，比如唐代著名文学家孟浩然《宿终南翠微寺》诗中对寺院园林的描写是：

翠微终南里，雨后宜返照。闭关久沈冥，杖策一登眺。遂造幽人室，始知静者妙。儒道虽异门，云林颇同调。

孟浩然在诗中强调的，仍然是不论儒家还是佛家，对于山林的自然景观都有同样的崇尚和爱好。在这样的信仰基础上，寺院园林与文人园林在造园风格手法上的相互融通也就是必然的，所以后来的文人雅士就这样形容一些寺院园林的景致："曲沼芙蓉秋的的，小山丛桂晚萧萧"（鲜于枢：《浣溪沙·昆山州城西小寺》）。从这类描绘中可以看到寺院园林中的"曲沼""小山"等景致，在艺术风格上与文人园林都十分接近。

1-33　寺院园林中"秋殿隐深松"的景象

在中国历史上，寺院园林曾经长期是社会文化格局中的重镇，并且对众多艺术门类产生了深远影响。以它对园林景观美学的推动而言，其例子即不胜枚举，比如隋代德州长寿寺《舍利碑》对寺院景色的描写中，就有"浮云共岭松张盖，明月与岩桂分丛"这样出色的句子，而后来欧阳修认为此联堪与王勃名句"落霞与孤鹜齐飞，秋水共长天一色"媲美。再比如唐代大诗人岑参曾以"夜来闻清磬，月出苍山空。空山满清光，水树相玲珑。回廊映密竹，秋殿隐深松"等诗句，来形容寺院园林那种清幽深蔚的意境。本图所示寺院园林中，满目苍翠遒劲、历尽沧桑的松柏，与红墙、汉白玉栏杆等寺院特有的建筑色调形成对比，使人感受到肃穆庄严的宗教气氛。

1-34　寺院中，辽塔为古松的虬枝缠绕，形成“古松抱塔”的有趣景观（与下图参看）

佛塔最初虽然是一种外来的建筑形式，但是后来经过在中国文化环境中的长期演变，塔的形制逐渐中国化，具有了中国建筑特有的那种舒展悠长的曲线美和亲切的人情意味，并且成为了寺院园林中最重要的建筑景观之一。

1-35　上图中辽塔的塔腰部分

在中国古塔的几种主要形制中，以“楼阁式塔”最能体现中国木结构建筑的风格，并留下了许多著名的杰作（例如山西应县木塔）；除此之外，即使是“密檐式”砖石结构的塔，也充分融入了中国建筑和文化的趣味，比如这座辽塔塔腰莲座上的壶门的曲线，窗棂、砖雕龙凤拱券等等细部，都表达着亲切灵动的生活意味。所以在这样的文化环境中寺塔、经幢等寺院园林特有的建筑，同样表现着与其他中国园林相似的审美情调，比如唐诗名句“塔影挂清汉，钟声和白云”，着力描写的就是寺院园林景观与游园者悠远澄明心境的融会。

1-36　北京西郊一处寺院中的园中之园

因为寺院又是士大夫阶层经常光顾和寄居的胜地，所以往往就在寺院中建造文人园林风格的庭院。

1-37　广州光孝寺中的楼阁式八角“瘗发塔”

一些寺院园林以及其中的建筑、名胜，与宗教史、文化史上重要人物和事件有着直接渊源。比如广州光孝寺就是中国佛教史上的一处著名禅林，寺院住持把唐代高僧、禅宗六祖慧能的头发埋在菩提树下，并建塔纪念。此塔为砖石仿木结构，飞檐叠涩、形姿秀美。与此类似的情况经常可见，许多寺院园林也都因为深藏着大量类似的珍贵文物，所以具有了很高的文化艺术品位和园林审美价值。

1–38　四川阆中巴巴寺园门题额：“云林深秀”

巴巴寺为川西著名的伊斯兰教寺院，可见外来的寺庙园林形制在传入中国以后，在很大程度上已经本土化了。

一　横看成岭侧成峰　远近高低各不同

1-39　浙江绍兴兰亭中的“右军祠”

由于中国传统社会中的宗教包含了先贤崇拜、人格神崇拜、祖先崇拜等世界其他宗教体系中少有的内容，所以中国的此类寺院种类繁多、具有比较浓郁的现世气氛。而且由于其文化内涵所决定，这些寺院经常与园林、家居环境中的许多常规建筑毗邻或混杂，彼此区别不大。本图所示就是一例：建于兰亭风景区中的“右军祠”，虽然名义上是一处宗教性的崇拜场所，但是由于祀主王羲之乃是文人艺术家的代表，所以这里的环境风格也就与一般的文人园林相当接近；小亭上“竹阴满池清于水，兰气当风静若人”的楹联，也完全是文人诗词的风格，而没有典重神圣的宗教意味。

除了寺院园林之外，“具有园林文化意味的自然风景区”也是中国古典园林体系中一个值得留意的品类。

所谓“具有园林文化意味的自然风景区”，是一种介于人工园林与自然风景区之间的形式。而它所以在中国园林史和审美艺术史中占有不可忽视的地位，主要是由于在传统中国那种以农耕文明为主的社会形态中，人们的生活环境与自然山水景观之间有着千丝万缕的联系，于是至少从《诗经》的时代开始，世世代代的人们就不断发展着这种生活中的山水审美，升华着其中的诗情画意。同时，由于在中国传统的制度环境之中，士人官僚阶层在出仕做官与耕读归隐、乡居讲学这城乡两极的生活方式之间，可以有频繁的变更往来，所以许多郊野风景区也就成为士人隐居建园的理想之地，并因此使郊野风景区的景观内容和风格受到文人园林的很大影响。下面是一些具体实例：

1-40 杭州西湖畔的“六一泉”

此地原是宋代高僧慧勤说法讲经之处。慧勤长于诗文，宋代文豪苏轼莅杭州做通判，经欧阳修介绍，到任三日即拜访慧勤于孤山；而慧勤对苏轼亦极为推重，称苏轼“奇丽秀绝之气，常为能文者用。故吾以谓：‘西湖，盖公几案间一物耳。’”十余年后，苏轼任知府再次居杭州，而此时欧阳修和慧勤都已经去世，为了纪念友人，苏轼遂以欧阳修之号（欧阳修号为“六一居士”）命名孤山此泉。由是，此地更成为西湖景区的名胜之一 —— 从这则事例可见：在中国山水园林文化中，自然景观与人文活动之间，有着相互推动、共同升华的密切关系。所以，中国风景园林区中的许多景观和建筑，常常都是依凭借助此类历史和文化遗迹而建，兼具很高的景观价值与历史人文价值。

— 横看成岭侧成峰　远近高低各不同

1-41　武夷山山岭间一处景点的入口处（左页）

门楣上题额引导游人步入一个“万壑千岩锁翠烟”的境界。宋代著名哲学家朱熹曾在武夷山居住和讲学，他形容武夷山景色之灵秀：“武夷山上有仙灵，山下寒流曲曲清；欲识个中奇绝处，棹歌闲听两三声”（《五夷棹歌十首·之一》）；类似优美的诗篇他还写有许多。朱熹对于自然风景区中山水秀色的喜爱与品赏，在中国文化和美学中都有相当的代表性，历代文人学者也都留下了大量吟咏和描绘各地自然风景区的诗作、画作。反过来，又由于上述审美传统的长期延续发展，于是许多自然山水风景区也就渗入了浓郁的人文色彩和园林造景的艺术用心。

1-42　福州市郊鼓山风景区内的摩崖石刻

自然郊野园林因其险峻奇崛的地貌、丰富多彩的植被、各种人文遗迹乃至深藏其间的庙宇禅院等等而引人入胜，郊野园林的文化价值和艺术品位也因此得到很大提升，更加与周围优美的自然风景交映成辉。比如本图所示鼓山摩崖石刻群，它们不仅记述宋代李纲、朱熹等著名政治家、思想家游览此地的经历，而且也是书法艺术珍品的荟萃之地。

1–43　原题（南宋）高宗书、马和之绘图《孝经》（局部）

游览郊野景观是传统审美中的重要内容，中国经典文艺作品中有大量篇什据此而落笔。比如杜甫《泛溪》对郊野景观之趣味的描绘："落景下高堂，进舟泛回溪。谁谓筑居小，未尽乔木西。远郊信荒僻，秋色有余凄。练练峰上雪，纤纤云表霓。童戏左右岸，罟弋毕提携。翻倒荷芰乱，指挥径路迷……"绘画作品中的例子也很多：早如隋代展子虔《游春图》，就是作为中国风景画成熟的标志而被后人推崇。宋明以后这一题材的名作更加层出不穷、许多甚至是境界宏大的长卷巨制，比如夏圭的《溪山清远图》、马远的《山径春行图》、马麟的《荷香消夏图》等等。本图所绘，亦为人们游览郊野美景及错落山水之间的各式建筑景观时的情形，尤其是画面上方具有引领作用的一座观景敞轩，它背依山石之峥嵘与林木之葱茏，而面拥水景的激荡浩渺之势，深得中国古典园林"对景"之妙，同时通过空间曲线的悠扬韵律感（拱桥、牌楼、石磴山经……），为郊行者营造出了欣赏山水景观的最佳节点。

1-44　为纪念东晋著名音乐家戴颙及其隐逸生活而建的镇江南山“招隐坊”

镇江南山为戴颙的隐居处，这里山川秀美，林木葱茏，所以这座石坊楹联的外联为：“烟雨鹤林开画本，春咏鹂唱忆高踪”，其中上联就是说此处风景好像一幅美丽的画卷。另外，本图的例子也说明：中国各地的郊野风景区所以能够成为中国古典园林中的重要部分，原因之一是因为它是山水等自然美景与珍贵文化遗存以及各种纪念性宗教性建筑等人造景观的荟萃之地。

1-45　被称为“吴中第一名胜”的苏州虎丘（右页）

许多历史名胜地也往往演变为著名的郊野园林。这是由多方面的原因决定的：一是这些名胜处往往具有非常优越的风景地貌，比如虎丘占地不过二百余亩，远望仅是一座小山，但是进入其核心区以后，则如身临深岩巨壑之中，即如白居易《题东武丘寺六韵》中所说：“香刹看非远，祇园入始深”，加之其地古木苍然，春华秋实等丰富的植物景观四季交替呈现，所以使人如行山阴道上；再则这些地方往往是历代大型禅刹的所在地（例如虎丘从东晋至唐宋，就有虎丘山寺、报恩寺、云岩禅寺等名寺），宗教圣迹和建筑、雕塑等艺术遗存众多；其三，历代名士对此类名胜之地情有独钟（例如白居易《夜游西武丘寺八韵》中，自述他任苏州刺史时频频游览虎丘：“一年十二度，非少亦非多”），留下了大量相关的文化遗迹，这种历代不断的累积，使得此类郊野环境具有了很高的景观价值和文化艺术价值。

二

人力至极 天工乃见

在说明了中国社会形态是如何深深地影响着古典园林的许多基本特点之后，我们就可以具体地介绍中国古典园林的风格特点以及园林景观的内容。

众鸟欣有托，吾亦爱吾庐

——中国古典园林的功能及艺术特点

不论是在形式上、功能上、还是在艺术风格上，中国古典园林都鲜明地区别于世界其他文化体系中的园林。比如我们知道，集约地培育和展示各种花木的植物园（botanical garden）是欧洲一种重要的园林形式，但是在中国的传世园林作品中，就难以看到这种与居住者生活内容等诸多人文要素相隔膜的园林；同样，在西方的宫廷和庄园园林中，人们非常注重展示那些显示几何概念的园艺艺术、雕塑艺术和建筑艺术，而在中国古典园林中，却完全不是以突出固定的几何理念为美，相反中国古典园林处处强调园居者、游览者与园林中呈现自然形态的山水花木的和谐，哪怕是在一处极小的庭园中，也要用人力努力营造出一种富于自然气息、山水花木等自然景观要素比较齐备的艺术空间。那么，中国园林到底有哪些区别于世界其他园林的重要特点，这些特点又是如何形成的呢？

如果大致归纳一下就可以发现：中国古典园林的鲜明特点至少包括：

第一，除了上章中提到的“具有园林意味的山水风景区”之外，中国古典园林一般都同时兼具居住、游赏、在其中从事各种文化活动等等综合性的功能。在历史的早期（商周至两汉），当时的园囿除了其中建筑部分之外，还主要是帝王贵族及其军队进行大规模游猎娱乐的场所，其空间范围极其巨大（甚至有几十平方公里），所以园林还不具备如后世那样明显的综合性功能和人文气息。但是随着中古时期人们对于居住环境开始更为缜

2-1　苏州听枫园

这是一处很小的庭园，但是造园者仍然使其间的景观要素尽量齐备，山石花木的布置具有高下错落的变化，以使园居者的日常和文化艺术生活置身于富于自然气息的环境之中。加之此园的历史中包含了深厚的人文和艺术氛围上的积淀（“听枫园”为宋代词人吴应之“红梅阁”故地，清末著名词人朱祖谋又居此园），所以园虽小而不减其雅。

密精致的构建、特别是随着东汉末年以后文人园林的开始发展，于是园林也就越来越兼备家庭生活、游览观赏山水自然景物、从事文化艺术创造、文人雅集而进行社会交往等等综合性的功能。由于具有这样一种统一的环境基础，于是使得中国古典园林的艺术和审美风格之中，更深地具有了人性的和谐之美；并且使得园林景观处处表现出与园居者心性之间的沟通与交融。图 2-1—图 2-3 是很好的范例。

2-2　上海豫园中的戏台

不论是在皇家园林还是在文人园林中，都要具备这类服务于园居者日常生活和文化艺术生活一系列具体内容的建筑设施，从而使得园林最充分地成为园居者一年四季全部生活内容的载体。

-3　文人园林中常见的琴室

陶渊明描写他的园居环境和园居生活内容是：“山涤余霭，宇暧微霄。有风自南，翼彼新苗。……花药分列，林竹翳如；清琴横床，浊酒半壶”（《时运》）。从他的这些描写可见在中国传统士人文化中，对山水园林的审美是与物质生活和文化生活方式密切相关的。此琴室楹联为：“风篁类长笛，流水当鸣琴”，意在标举音乐文化与园林景观和园林生活相互之间的和谐融通。

第二，中国古典园林崇尚的，是一种将丰富和谐之自然景观加以充分再现升华并融入深厚人文内涵的艺术境界，所以从这个意义上说，中国古典园林又可以被称为“自然景观和文化景观的综合园林”。请看图 2-4—图 2-8。

从本书以后将要举出的许多实例中更可以看出，中国古典园林既不同于以突显人工为美的欧洲园林，也完全不同于严格地保存自然本真面貌的自然生态公园。中国古典园林所崇尚的“自然”，实际上是一种以高度艺术化设计和精审造园手法而再现、重塑自然景观，用中国古典园林学家自己的话说就是“人力至极，天工乃见”。这样一种美学理念，对于中国古典园林的许许多多具体的造园技巧都产生了根本性的影响。

2-4a 常州近园

中国古典园林崇尚以自然的山水
园景的骨架、然后在其中布置安排完
的自然景观要素，这种美学原则从很
就已经确立，例如刘宋时期的大文学
谢灵运描写他营建的园林之美：“四
周回，溪涧交过，水石林竹之美，岩
隈曲之好，备尽之矣。”后世的园林
少可能具有中古时代的那种规模，但
述园林美学的主旨却越来越凸显。比
此图中的“近园”为清顺治年间进士
兆鲁所建，康熙十一年（1672）近园
成，杨兆鲁撰《近园记》记述建园
立意：“一亩之宫，可以棲迟偃息，
鱼草木，皆吾陶情适性之具。……自
痾归来，于注经堂后买废地六七亩，
营相度，历五年于兹，近乎园，故名
园。”可见他要求摒弃刻意造园的斧
痕迹，而使一切园景呈现亲切可人、
近自然的韵致。

2-4b 无锡寄畅园中的“八音涧”

“八音”是传统中国对音乐的概
性称谓，而在园林中建构出能够使
水在山涧之间曲折穿行、同时发出
潺音乐声响的假山和水系，这不仅
明造园中叠山和理水技巧所达到的
术水平，更鲜明表现出中国园林对“
然”“天籁”美学境界的全力追求。

2-5　江南园林中水间的石磴

造园家特意以石磴代替桥梁以供涉水之用，从而更显示出真率朴拙的格调。

2-6　颐和园“谐趣园”外的曲径

“谐趣园”是皇家园林中模仿文人园林的作品，所以从园中弘阔的主景区到“谐趣园”之间需要有一个气氛上的过渡，于是造园家让曲径两侧松荫蔽日、山石布列，意在强调这里具有山林的自然情调。

2-7　北京颐和园“谐趣园”中的卧柳

斜柳偃卧于水边，其苍然之貌不仅使小园具有了历史的情调，而且更使园林中水面形态的纡曲和变化具有了天机自然的韵味。

-8　文人园林中再现自然的实例之一

造园家不仅叠造出挺拔劲健、粗粝峥嵘的假山；还在山脚下的溪涧中布置了供涉水之用的踏步石。并特意叠
得有几分险峻之象，这些细节的处理都显出其叠山技艺的精审细致。但是后人不识其用心，在其周围布置了修
成人工造型的灌木，于是就破坏了当初造园家再现自然的艺术原则。

屋宇虽多不碍山

——中国古典园林的诸多景观要素

中国古典园林内容十分丰富的艺术境界，是在一系列基本景观要素的基础上构建而成的。归纳起来，这些景观要素可以分为如下几大类：山、水、建筑、花木、园林小品。而其中每一类又可以做更细致的区分，比如山体就有峰峦、丘阜、园山、庭山、土山、石山、半土半石山、湖石山、黄石山等等之别；水则有河、湖、池、泉、涧、瀑之别，建筑有楼、台、亭、堂、斋、榭、塔、廊、桥、牌坊等各种形制，花木则有乔木、灌木、藤萝等类。所有这些景观要素，都像是大型音乐作品中的无数音符一样，一方面每一个都有自己的位置和作用，另一方面又都是构成整部作品流动不居、变幻无穷艺术效果的具体环节。下面我们分别对它们做一些简单的介绍，并用一些相关图片说明其艺术上的特点。

山体

山体是支撑中国古典园林空间形态的骨架。早在先秦，那时的宫苑中流行用夯土堆造如山峦一样高大的台基，而且随着宫苑建筑群的拓展，土台的数量也就不断增多，形成相互呼应、

-9 承德避暑山庄中的“金山”

避暑山庄“金山”景区的亭台楼阁建在人工堆造的小丘之上，而园中丘阜又与山庄外面的自然峰峦形成了
浑然一体的景观效果；同时，“金山”之上建筑群的轮廓线成为背后自然山体天际线中的画龙点睛之笔—— 这种
人工景观与自然景观之间的相互衬托关系，是中国古典园林重要的造园原则。

2–10　皇家园林中用黄石叠造出土山的山脚和山路

这样的处理是为了在园林中体量有限的空间内使山岭的气氛更加突出，可见园林中看似拙朴的山丘，其实都是造园家精心安排和叠造的结果。

“连聚非一”的群体。比如战国燕都宫苑遗址中，众多的土台彼此在体量上已经有大小之别，在整体布局上亦有参差疏密的张弛；更重要的是这些类似于人工山体的建筑，已经与“夹塘崇峻、邃岸高深”的自然地貌以及周围的水景结合在了一起。至隋代洛阳“西苑”这座当时著名的巨型皇家宫苑中，造园家已经利用自然地貌将整个宫苑划分为以山景为主的山岭区和以复杂的水系为主景的渠院区。

另外，从隋唐有关园林的文献和文物中，我们也可以看到

2-11 江南文人园林中的小土山

山上林木葱茏、有亭翼然；山脚以黄石收束，突出了山体的质感，从而与水面形成刚柔、动静等等多重的艺术对比。

此时造园家对于空间非常有限的庭园小山和假山，在艺术处理上也已经非常精致，力求使“启一围而建基，崇数尺以成坯”的小山能够包含“寸中孤嶂连还断，尺里重峦欹复正”等等丰富的艺术空间和艺术效果上的变化，所以唐代著名文人园林中用太湖石叠造的山丘，追求的是将自然界诸多名山的景观集纳于眼前假山的咫尺天地之中，即所谓：“三山五岳，百洞千壑，覼缕（王毅注：“覼缕”是非常详尽的意思）簇缩，尽在其中。百仞一拳，千里一瞬，坐而得之。”

2-12　苏州拙政园中的小山

此山丘是全园核心建筑“远香堂”的主要对景，同时也是俯视全园水系的制高点，这种多重的艺术功效使其在全园景观体系中处于关键的地位——这是山体在整个园林景观体系中作用的一个很好的例子。

园林中山体（在中国古典园林中，其他各种景观要素也都是如此）基本作用有两个：其一是山体本身要具有很突出的可观赏性。比如上面说的湖石假山是浓缩了“三山五岳”的著名景观而造；再比如唐诗中描写因为某寺院园林中假山的可观可赏，所以游客不断：“小巧功成雨藓斑，轩车日日扣松关。峨眉咫尺无人去，却向僧窗看假山。”而这种造园手法也一直历代延续，并且在清乾隆时代的园林叠山艺术中达到了最后一个高峰。

2-13 苏州沧浪亭山丘间的景观

与其他园林中常见的山水配置方式不同，“沧浪亭”园内没有面积较大的水面，因此使得园山缺少了水体的衬托。为了弥补这一缺憾，造园家尽量使山体占据庭园中的主要空间，避免在其周围形成能够与山体相颉颃的其他空间形态；同时在土山上密植高大的乔木并在山间设计了绵长萦回的游览路线，以此使山林空间和山林氛围得到更多的突显，形成了以山体为主景的园林格局。

2-14 颐和园“西堤六桥”之一“镜桥”在西山的映衬之下

近处的湖水、廊桥和岸柳等等一派明丽妩媚，并且与作为远景的山峦形成对比——这是以大型峰峦丘阜构成整座园林的空间骨架和天际线，同时成为组织结构园林中诸多细部景观（比如这里的廊桥、岸柳等建筑和花木）背景和基调的实例。

2–15　北京园林史上的名石之一“青云片”

单置峰石（往往配以精致的基座）常常是园林庭院中重要的观赏对象，这类峰石使小尺度的庭院改变了原本比较单调的空间形态和景观形态。园林中的山石大都追求古拙奇崛、姿态万千的风貌，比如中唐士人领袖之一牛僧孺园林中的假山就竭力追求具有“三山五岳，百洞千壑”的气势。

“青云片”原为明代造园家米万钟收集，后来乾隆皇帝将其移至圆明园“时赏斋”景区。此石产自北京房山，体量硕伟、姿形空灵奇巧，乾隆曾写《青云片歌》咏赞：“突兀玲珑欣邂逅，造物何处不钟灵”；石上“青云片”三字及题诗皆为他的手笔。此石与颐和园“青芝岫”石并称姊妹石，1925 年移至北京中山公园。

2-16 苏州原半蚕园“小有堂”前的“寒翠石”

在庭院中设置姿态奇崛的山石，这是文人园林用以寄寓和表现超世独立之人格精神的常用方式，从中唐白居易以后到宋元明清园林一直如此，米芾等著名文人甚至称园中山石为“石兄”，以表示这种人格向往之专注和深挚。此“寒翠石”为北宋文人园林中的旧物，苏轼曾有题识，于是身价倍增，元代顾德辉《拜石坛记》描写此石：“石之挺挺，如老坡（王毅注：即苏轼）独立于山林丘壑间，愈见其孤标雅致也。”

除了作为重要园林景观要素而具有的自身观赏价值之外，山体（尤其体量较大的山体）同时也是组织和结构园林中诸多景区和景点、造就“园林景观空间序列”的基础——造园者通过对山体的体量大小、山形间架、阴阳向背、山势的高下起伏、安排山间道路、山体与水体建筑花木诸多其他景观要素之间的穿插等等环节的设置，形成园林中理想的游览路线，一处又一处具体的景区和景点，组织成为血脉联通、步移景换的园林景观体系和园景序列。所以，在成熟的中国古典园林中，山体自身的景观效果是一刻也不能脱离其组织、连贯和平衡众多景观要素的功能而独立存在的，用乾隆皇帝描写北京北海琼岛山景的话来说就是：“室之有高下，犹山之有曲折、水之有波澜。山无曲折不致灵，室无高下不致情。然室不能自为高下，故因山以构室，其趣恒佳。”来看下面的图例：

2-17　北京北海琼岛上的湖石假山（局部）

北海西坡和北坡连绵不断的湖石假山规模很大，尽显皇家气派，所以乾隆等皇帝题写有“烟云尽态”等题额。假山之上，洞壑纵横、磴道起伏，众多单体建筑、院落和景点散落在山间，它们虽然近在咫尺，却又都各自成就出隐曲之境（与下图参看）；而整个山景区又与山脚下的北海水面对比相应，形成了丰富的景观效果。所以这是现存古典园林中大型叠山的代表作。

2-18　北京北海琼岛假山间的山涧

即使是在空间十分有限的山体间，造园家仍要刻意叠造出更能突显险峻陡峭之势的山涧——与上图对比可以看到：山峦形态的这种变化，为在其间设置穿插丰富的景区和景点提供了基础。

2-19　承德避暑山庄“金山”景区中的“天宇咸畅”

这处建筑因为有了峥嵘山势的衬托，才充分显示出其高峻不凡，也因而具有了领略“天宇咸畅”境界的便利。

2-20 承德避暑山庄“沧浪屿”园中假山与建筑的组合

山势和山路的蜿蜒起伏与建筑（水榭与回廊）的曲折多姿、相互契合，形成了多重景观要素之间的一种精致的结构布局关系，其中包括园林空间形态和诸多景观形态的对比变化、色调光影的对比变化等等。

2-21 苏州环秀山庄中的假山（与下图参看）

2-22　苏州环秀山庄假山中幽深奇险的溪涧与危桥

此假山为乾隆至嘉庆年间常州名手戈裕良主持叠造，假山之间沟壑奇伟、高下纵横，占地仅半亩而峰峦、涧谷、洞壑、危径、飞梁、悬崖等等无一不备且布置有序，颇有几分咫尺万仞的气象，现与网师园等名园一起被列为“世界文化遗产”。

水体

宋代哲学家和园林家邵雍曾经很好地概括了水体在园林中的作用："有水园亭活。"可见如果说山体构成了园林的基本骨架，那么灵活多变的水体则是园林的血脉。与园林中的山体功能相似，园林中的水体也必须具有自身丰富的可观赏性，同时水体还必须具有结构组织园林景观和园景序列的功能。

中国古典园林把塑造水景的艺术称为"理水"，其意在于强调：对于水景的安排和组织是一种需要审慎匠心的艺术。首先：中国古典园林中各种水体丰富多姿，粗略而计就有河湖、园池、溪涧、瀑布等许多种类。它们在园林中，随具体和特定的环境需要而呈现着千变万化的形态，同时其艺术功能、风格和效果也就各有不同。宋代司马光曾描写他"独乐园"中的水景以及水景与建筑的配置关系是：

> 堂南有屋一区，引水北流，贯宇下。中央为沼，方各三尺。疏水为五派，注沼中，若虎爪。自沼北伏流出北阶，悬注庭中，若象鼻。自是分为二渠，绕庭四隅，会于西北而出，名之曰"弄水轩"。堂北为沼，中央有岛……

可见这座北宋著名园林中的水体是经过精心设计而成，所以它们之间既有延绵不断的贯通脉络，同时又呈现着众多的分支和形态上的变化，并且与岛、堂、水轩等其他园林景观穿插组合成为一体。这种在设计水体的同时又周详地布置水体与山体、建筑之间复杂变化与组合关系的艺术方法，充分体现着中国古典园林的“构园”原则。

2-23　承德避暑山庄中一景

山体与水体的组合，是中国古典园林的一种基本景观配置，中国古典园林也因此而被概括为“山水园”。从本图所示可以看到：远处作为全园天际线的大片山峦、山间作为点睛之笔的宝塔、近处依水而建的水榭等景物，不仅都因为有了湖水的衬托才显得格外秀丽灵动，而且更因为有了湖水的联通而具有了空间上的层次感和相互之间的呼应关系。

2-24 江苏如皋“水绘园”外景

江苏如皋“水绘园”为江南历史名园之一，曾是明末清初四才子之一冒辟疆与秦淮八艳之一董小宛的栖居之所。水绘园的特点如清初名士陈维崧在《水绘园记》中所说：“绘者，会也，南北东西皆水绘其中，林峦葩卉块扎掩映，若绘画然。”这是依托水网纵横之地貌条件而突出水景之美的典型构园实例。

2-25　苏州拙政园中部鸟瞰图（杨鸿勋教授绘制）

园林中的水体形态变化丰富、水面在全园面积中占很大比例，而且园中的建筑、山石、岛屿、主附景区等众多因素之间的配置和转换关系，都是以统一而灵活的水体为襟带的。造园家将水面划分为几个相互映通又相对独立的部分，这不仅增加了水面的景深，而且分别以它们为依托构成了风格不同的景区。

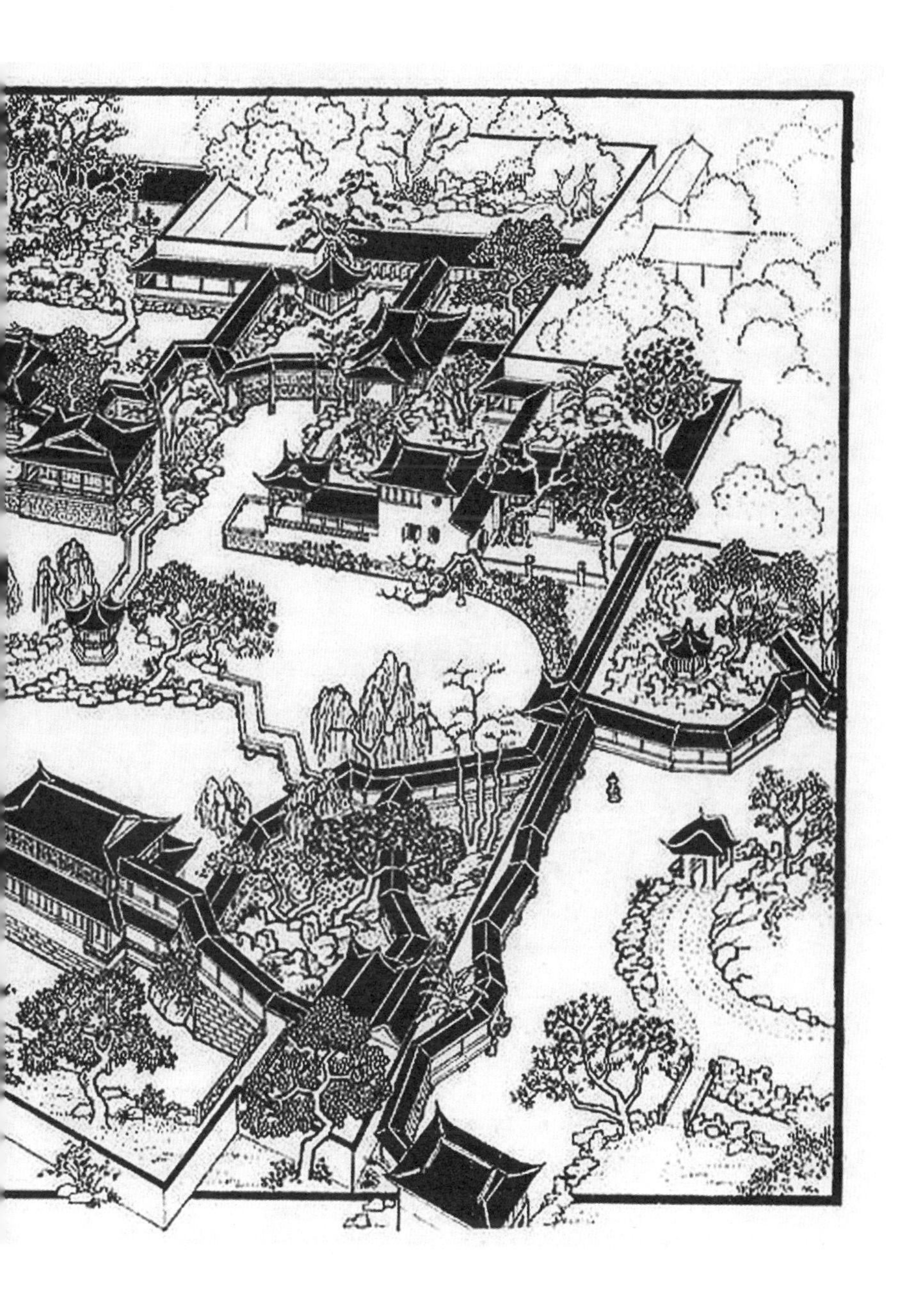

2–26　江南文人园林中的水景

江南园林以水景的丰富多姿和变化巧妙见长。从此图中可以看出，水面的延伸萦回，使得水道两侧得以错落有致地布置各种山石、花木、建筑等景观，尤其是使得所有这些景观之间形成了对比、间隔、呼应、沟通、避让向背等多重艺术效果和空间关系。

还需要说明的是：中国古典园林模拟自然的景观形态和空间形态，主要是由山体与水体为骨架而构成的，因此在绝大多数的园林中，山体与水体之间总是形成非常密切的映衬、对比、转换、过渡等等艺术关联。所以山景与水景之间相互关系的构造优劣，往往就是造园艺术成败的关键（详见本书第三部分）。

2-27 园林中各种建筑依托水景而配置的实例

颐和园“谐趣园”主景区的布局特点，是沿大面积水体的周边而布列各种形态、各种功能的建筑。此园中核心部分没有设置较大的山体，所以建筑与自然景观、建筑与建筑之间的映照对比和开阖起伏等诸多艺术变化，都是以水体为依托的。

2-28 江南园林中建筑依托水景而配置的实例

狭长的水面使水榭前的空间富于舒缓延展的动感，同时又衬托出远处小亭的灵秀，于是自然而然地将观赏者的目光和心绪逐渐引向园景序列的另一端。

-29　江南园林中的一角

婉转曲折的水体，使
]林在空间形态和景观
置上可以有许多开阖
化。

-30　小雨中的江南园林

池水、游鱼、淅沥的
雨等等水景、水声，使
]林中原本沉寂静穆的
石和建筑都浸染在一片
润灵秀的流动感之中。
身其间，我们能进一
体会到“有水园亭活”
韵味。

2-31　苏州拙政园“芙蓉榭”

唐代大文学家韩愈在《渚亭》诗中的描写是：“莫教安四壁，面面看芙蓉”，意思是说木结构建筑因为可以省略承重墙而四面开敞，所以最适宜成为园林中欣赏水景的所在。木结构建筑与周围景观的这种配置关系及其优美的艺术效果，我们在水系发达的江南园林中可以最充分地领略到。

建筑

中国古典建筑以木结构为主，其基本特点有二：

其一是以柱、梁、枋等木构件组成的框架以承载屋顶的重量，而墙体仅仅起着围护作用。由于构建的材料性质所决定，木建筑在体量上受到比土、石建筑大得多的限制；但是同时诸

-32　江南园林中的水榭往往是观赏园内山水景观的佳处

由于木构件的结构特点和“挂落”“美人靠”等建筑附件的运用，所以人们置身于水榭、亭宇等园林建筑之ᄆ，往往可以获得“山水之景宛然陈列目前”的最佳观景效果，从而深化审美者与园景之间的亲和与交融。

多木构件之间的结构方法自由灵活，因此建筑家可以根据功用和审美的需要，很方便地塑造出各种各样的建筑形体和建筑室内空间。中国古典建筑中丰富的屋顶造型、空灵的回廊、亭宇等建筑形象，都首先得益于它们的结构特点。请见图例：

2-33　木结构建筑的室内空间与室外景观形成了充分的交融

木结构建筑的墙体和门窗形制十分自由，所以可以在一座建筑的墙体上集中采用开月洞门、开露窗、开曲线优美的腰门乃至不设墙体敞开露明等多重处理方式。由此，建筑本身不仅具有耐人品味的观赏性，更重要的是它为因地制宜地塑造景观、欣赏景观提供了很大便利。

2–34　皇家园林中的一处山亭

木结构建筑结构灵活的特点，使造园家可以很方便地塑造出曲面和曲线之变化十分丰富的各种建筑。在这
实例中，为了强调建筑物与前方景物的映对关联，山亭正面加抱厦而凸出；同时，木构件（梁、柱、枋、檩、
落、雀替、栏杆凳等）之间的结构组合关系，它们的曲线变化，富于装饰性的彩画，灵动的光影效果等等，都
得室内空间中这些复杂木构架具有相当的美感，并且与亭外的桃红柳绿、山石古松等等园林景物相互映衬生辉。

·-35　江南园林中的一处小亭

木结构建筑灵动娟秀的美学特征，不仅在形态、色彩、质感诸多方面与山水、花木、砖石建筑等等具体景见形成了相互的对比和映衬，而且更与虚实高下错落的园林空间形态形成对比和映衬。

其二，中国建筑擅长以若干座相对独立的单体建筑，彼此联系而组成具有内部空间的完整庭院。因此在建筑艺术体系中，建筑群的平面结构关系、诸多相关建筑之间的序列组织技巧高度发达，它既可以构成如北京故宫那样轴线明确、对称谨严、空间递进等级十分森严的大型建筑群，也可以构成空间布局相当自由的文人宅园。特别是由于中国园林是一种注重空间组织的艺术，所以建筑的上述特点在中国古典园林中都得到了最充分的展现。

当建筑作为园林艺术要素而存在的时候，除了原有的居住等功用之外，它的作用首先是构成独立的景观，其次是与其他景观相互组合，构成完整的园林景观体系。随着中国古典园林在中唐以后“壶中天地”空间原则的日益强化，造园家也就越来越自觉地努力将独立的建筑景观融入整个园林景观体系。于是，就单体建筑来说，它的地位、形制、体量、立面和平面造型、室内室外空间的关系，甚至内外檐装修的式样等一切因素，都不仅是由自身的功用和审美需要所决定，而且更多地是由这些因素与其他所有园景之间的平衡制约关系所决定。例如苏州拙政园“远香堂”为这座园林中的主建筑，而水体又为拙政园中的主景，这种情况下造园家为了强调“远香堂”与主景的关系，就把它的形制定为前后临水而踞，并把建筑的承重柱子分设在廊下，从而取得建筑与周围自然景观的和谐（见本书第 46 页 1–19 图），这显然是继承了宋代人在杭州苏堤上建“四面堂”的手法。

-36 晨曦中皇家林的一座廊桥

木结构建筑的光影效果十分生动，且随四时而不断变化，这也增添了建筑的观赏价值。

再比如，为了塑造园林中景观的丰富性，于是造园家尽量增加园林建筑的变化，并且竭力将这些形制各异的建筑和谐地组合在一起，尤其是要与整个园景体系中其他各种景观和谐地组合在一起。比如南宋韩侂胄在杭州的著名“南园”中，就有“十样锦

2–37　从一处弧形水轩中观赏园景

木结构建筑的形态可以塑造得非常灵活、其立面又可以完全敞开以做观景之用；加之通过木构架间的透视作用，于是使周边园林景观呈现出明暗、色调、层次、动静等诸多方面的变化和对比。这些都是园林内木结构建筑的重要特点，同时也是中国古典园林的独特美感之处。

2–38a　北海琼岛上“见春亭”（圆顶攒尖式）

亭”，这显然是在园林中汇集各种式样风格的亭子。今天我们可以看到的实例，比如在北海琼岛狭小的园林空间中，造园家也努力容纳尽可能完备丰富的各式景观，于是在这里建筑面目的变换上就颇费苦心，分别安排了台、楼、堂、方亭、圆亭、扇面亭、各式爬山廊等多种建筑形式，并将它们都建造得十分精巧，以使其体量、风格与周围环境相和谐（见图 2–38a—2–38c）。而可以与北海这种情况形成对比的例子则如：为了与颐和园昆明湖广阔的水面相互和谐，于是其水体周围的建筑尺度很大，力求呈现雄伟壮丽的气概，而不是以精巧多姿取胜（见图 2–60）。

2-38b　北海琼岛上“撷秀亭”（重檐卷棚歇山式）

2-38c　北海琼岛上“小昆邱”亭（八角攒尖式）

以上三图是北京北海琼岛上诸多形制各异亭子中的三例。琼岛是北海的核心部分，岛上山峦拔地而起，四面山势的堆造都力求起伏错落、处处有峰回路转之趣，这为在琼岛上构建形态和功能尽可能完备的建筑准备了条件，比如这里就随地势环境而散布着圆顶攒尖、八角攒尖、四角方型、扇面型等等众多造型的亭子，造园家通过建筑造型的不断变化而塑造出园林景观的丰富性。

2-39 颐和园后山的宗教性建筑群

皇家园林往往以高大巍峨的建筑群，来统领全园的山水体系并突显出全园天际线的轮廓。

除了建筑式样、尺度等要素的确立需要以整个园林为背景而加以权衡之外，甚至单体建筑许多细部的处理也要权衡与其他景物的关系，例如苏州留园“冠云楼”的门窗颜色都比较深，这是为了与楼前“冠云峰”一石的雅洁玲珑形成和谐的对比和映衬。在中国古典园林美学中，很早就有对于上述建筑原则的叙述，比如杜甫《寄题江外草堂》中说：“亭台随高下，敞豁当清

川”，他强调的就是园林中的亭台建筑的位置、形制等等都要与周围山水自然景观融会一体、相得益彰。陆游写园林中山水等自然景观需要有相称的建筑衬托才能真正出色：“正欠雄楼并杰观，奇峰秀岭待弹压”；明代人描写北京海淀“勺园”景色是：“亭台到处皆临水，屋宇虽多不碍山”，这些都是中国古典园林美学对于园林中建筑地位和作用的很好概括。

园林中的每一建筑，多是与其他建筑组合成为庭院甚至更大的建筑群，并以此为依托而与山水等自然景观相互融贯。这就使得景观体系中的艺术关系更为复杂：每一单体建筑中的众多因素不仅要与其对应的某一处山水景观之间实现平衡和谐（例如常见的堂与堂前的水池、爬山廊与山体的匹配等），而且必须与庭院中的其他建筑，直至庞大建筑群中的所有各式建筑实现平衡和谐，并由此进一步实现与众多自然景观的交织、平衡。显然，这是一个非常复杂的艺术体系；但是另一方面，艺术因素的这种复杂交织，又为中国建筑灵活的群体组合形式提供了用武之地，使之可以用千变万化的庭园空间及其序列，在单体建筑之间、单体建筑与群体建筑之间、多组建筑群之间、建筑群与山水景观之间建立起丰富巧妙的结构关系（详见本书第三部分）。

总之，由于在中国古典园林中，楼阁、厅堂、斋轩、水榭、游廊、亭台、门墙、佛塔、经幢等等各种建筑形制十分齐备，又由于造园家要求园中建筑形制风格须根据具体的园林环境而极富变化，所以园林中的建筑也就有着千姿百态的风貌。下面举出若干比较有代表性的例子，从中我们可以窥见园林中建筑艺术之一斑。

2-40　北京颐和园长廊与附近的景观

颐和园的长廊把园林景观和园林空间从山体向水体的过渡塑造得富有韵味和节奏：长廊靠近山体的一侧是狭长的水池、小巧的曲桥、松柏掩映下的小院等等，一派静谧，而另一侧则是开阔弘远的昆明湖，两种风格的景观形成了很好的映衬与对比。因此长廊本身不仅是园林中一处优美的建筑景观，而且它还积极参与着园林景观体系和园林空间体系的组织与塑造，是其间的转换与衔接的关键之处；同时它还引导着人们从最佳的线路和角度去欣赏这些景观，走进其艺术境界之中——这种多重效果，是园林建筑之综合效用的很好实例。

2-41　北京颐和园长廊的悠长曲线

建筑的曲线是使园林空间和园林景观体系富于动态感和韵律感的艺术手段之一，中国的木结构建筑因为造型丰富、变化灵活，所以成为园林中基本的景观要素；反过来说，因为园林艺术的要求，所以中国古典建筑的曲线美也就在园林里得到了最充分的展现。

2-42　北海琼岛上的叠落式爬山廊

与上面两图对比可以看到：在颐和园万寿山前山与昆明湖的衔接地带，由于这里面对弘阔的湖面而且地势开畅，所以长廊被塑造得舒展绵长、亘延不断；而与颐和园长廊的情况恰好成为对照，在其他地形狭蹙、景物密度很大的园林空间中，又可以用节奏鲜明、高度变化幅度很大的“叠落式爬山廊”等等建筑形式和建筑曲线，使该园景区的艺术效果得到突显。

2-43 临水的小亭成为观赏水景的佳处

建筑与山水等自然景观的和谐组合，是中国古典园林中一种非常重要的配置原则。具体到临水建筑的设置，也早已是造园家特别留心之处，明代造园理论家计成所说“花间隐榭，水际安亭”，所总结的就是亭子与水景之间相互映衬生辉的艺术关系。

2-44 北京北海“镜心斋”中的“枕峦亭”

与上图所示建筑与水体的辉映相类似，建筑与山景之间也必须具有相互亲和、彼此彰显的关系，比如这座小亭耸立于假山之巅，其小巧灵动的姿态和轻盈的意趣，与周围大片山石的峥嵘奇崛形成艺术上很好的对比。所以它不仅生动地引导着游人登临山巅、俯视全园，而且成了整个山景中的点睛之笔。

-45　苏州网师园中的半亭

木建筑结构灵活的特点，使得造园家可以根据塑造园景的各种具体需要而很方便地改变建筑的形貌。宋代大画家和造园家文同写其四川阆中园林中有“三角亭”一景，而建造此亭是因为只有这种灵活的建筑形式才能适合园中的特殊地貌（文同《阆中东园十咏·三角亭》诗云：“合栋交生角，回栏互引牙；由来因地势，不是故尖斜”）。与此相类似，因为在比较狭蹙的园林空间中造景的需要，所以网师园中的这座亭子做成两柱半亭式；而这样设计的效果，又使小院的风格更为简约疏朗。

2-46　北方皇家园林中的楼阁

三层的楼阁使园林空间增添了高下错落变化，其八角形的优美造型又使楼阁本身具有很好的观赏性。

-47　江南园林中的楼阁

与北方园林建筑典重敦厚的造型形成对比，江南园林中的楼阁多是曲檐飞耸，其轻盈欲飞的姿态赋予狭蹙
的园林空间以鲜活的流动感。

2-48 江南园林中的粉墙

围墙看似一种非常乏味简单的建筑，但是在中国古典园林艺术中，墙的作用却十分重要，因为它是组织和结构园林空间和园景序列的基本手段之一。而在发挥墙在园林空间组织中的作用之同时，造园家也尽量使墙体的造型富于艺术上的变化，使墙面的色调与周围景物相互和谐，甚至成为一组生动景物的一部分。比如这处园墙上就开出宝瓶、梅瓶等各种造型优美的腰门，同时装饰以山石和花木，使粉墙和黛瓦成为花石小景的绝佳衬托。

-49 北方皇家园林院落中的回廊与花墙

北方的四合院是中国传统民居建筑中一种常见的格局，它的特点在于布局典正谨严、封闭性强。在皇家园林中，四合院的这种风格更通过建筑的各种细部处理（例如这里色调富丽的彩画以及花墙上的方胜、蟠桃、宝瓶等各式吉祥造型的花窗）而突显出来。

2-50　江南园林庭院建筑中常见的回廊

回廊的向外开敞，以及“挂落”“美人靠”等空灵的建筑木构件之效果，加强了建筑对于山水花木等庭院中各种景观的展示与融会，使居身于建筑之中的游人能够更充分地欣赏到这些景物的韵味。

–51　从园林的室内外望

在中国古典园林艺术中，室内外的分隔与沟通是一种重要的构景手段：从室外来看，丰富的建筑造型以及丰富的门窗、槅扇、栏杆、漏窗等的造型本身就是观赏价值很高的景致，又由于门窗、槅扇、栏杆等物半掩半通的效果，所以园景的空间层次和光影层次变得十分丰富，即如盛唐大诗人岑参所咏："窗影摇群木，墙阴戴一峰。"而反过来从室内向外看，则室内空间通过窗栏槅扇等与室外园林空间和景物的融通更是必不可少的，例如岑参描写的"山色轩槛内，滩声枕席间"；又如中唐诗人元结所咏："轩窗幽水石。"这样的造园艺术传统至明清园林中发展得更为精致，本图所示就是实例之一。

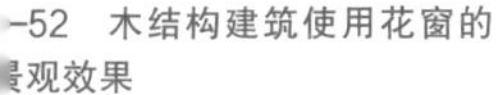

–52　木结构建筑使用花窗的景观效果

木结构建筑以梁、柱、檩等木构件承重而墙体不承重的特点，使得门窗可以在墙体面积中占据很大的比例、并且制作得异常轻巧灵便，这大大方便了从室内观赏室外的园林景观。加之宋金以后，由于"小木作"（即用于建筑物内檐装修的精细木工艺术）的迅速发展，使得建筑门窗的木棂格具有各种极其精巧的造型，从而使木结构建筑的美学特质更加彰显出来。于是宋代以后的造园家和建筑家对于门窗、廊庑的装饰十分精心，如《东京梦华录》记述当时"厅院"所崇尚的艺术风格是："廊庑掩映，排列小阁子，吊窗花竹，各垂帘幕"——可见窗景是中国古典园林和建筑中的重要部分。

2-53　**宋・刘松年《四景山水图》(之一)**

刘松年的《四景山水图》不仅是中国绘画史上的经典名作，而且也是对宋代园林艺术及园林建筑的实录
从此图中的建筑形制中可以看到：房屋的四周多以轻质的槅扇围挡，所以在气候温暖的季节或特定需要的场合
就可以将这些槅扇摘下，从而使建筑的室内空间与室外的园林空间更充分地融通。园林建筑的类似形制直到清
仍有存留，如《红楼梦》第五十三回记述元宵节时，贾府合家在贾母院中的花厅中观灯看戏，为了使各室之
以及室内室外的景致能够相互映衬，于是“把窗槅门户，一齐摘下，全挂彩穗各种宫灯”。

2-54　明代戏剧选本《怡春锦》中
版画插图

从这幅描绘《西厢记》故事的版
中可见：园林中木建筑的结构特点可
使大面积的门窗成为墙体上的重要装饰
并大大增强室内空间与室外园林空间
交融。中国园林历来重视室内空间与
外空间的映照联通，并将其作为塑造
居者与园林空间、宇宙时空之间关联
重要方式，因此，室内空间与园林空
乃至小园之外无限时空之间的关联相
成为中国园林建筑、中国绘画等艺术
力表现的内容。在宋代众多以园林为
材的绘画名作中，都可以看到对这种
间关系的细致描绘；而至明代，即使
在版画这样以刀法契刻为造型手段的
域，对于园林建筑中窗景特点的表现
已经非常自如。

2-55　园林中龙凤图案花窗（旧照片

由于历史的变迁，中国建筑中
木、砖构件容易损毁等原因，我们往
已经难以见到传统园林建筑的完整原
尤其门窗槅扇等一些小型的砖、木构
更难长期保持早期的式样。幸而在一
老照片中，还零星保留了这方面的资料
以上选录的三张照片都是这方面的例子。

2-56　园林中的花墙与透花窗（旧照片）

2-57　园林中水阁上的木花格（旧照片）

2-58a　山脚下的曲桥

2-58b　石板桥

2-58c　造型古朴的石栏桥

2-58d　轻灵的石桥造型与背后建筑的曲线形成映衬

造型丰富优美、配置灵活的桥，是中国古典园林建筑中一个颇有特色的品类。以上四图是从上海嘉定“秋霞圃”众多石桥中选录的几例——在一所园林（尤其是水景丰富的江南园林）中，造园家往往会设置若干座桥梁并根据地形地貌、水体形态、周围建筑的功用和风格等多重因素变换桥梁的形貌，这种与周围景观相互协调的设置方式，也显示着造园艺术对于建筑的重要影响。

2-59　北京颐和园“景福阁”

“景福阁”是为欣赏园林中雨景和雪景而建，其特点在于：阁的前后皆有抱厦凸出，同时将四面的庭院围墙做得十分低矮，使居身其间者可以毫无遮拦地观赏到四外的远景；而曲折起伏的低墙也衬托建筑物立面造型的丰富多变，从而使这座建筑自身的景观效果更加突出——这是根据欣赏某些具体园景之需要而设计建筑的很好实例。

2-60　颐和园“景明楼”（与下图相互参看）

作为昆明湖大面积水体侧畔的附属建筑，“景明楼”不仅尽量建造得高大巍峨，而且更用“水天一色”的题额突出其意义之所在——中国古典园林中的建筑原则，是要根据周围自然景观的特点和气氛而权衡建筑的位置、形制、体量、装饰风格、楹联匾额的语词寓意等一切要素，此楼就是这一准则的实例。

2-61　颐和园的园中园之一“扬仁风”

此例正好可以与上图形成对比——在水面狭蹙、空间封闭的小型庭园中，相关建筑物则尽量取轻盈小巧的姿态。“扬仁风”采取扇面式，以造型的别致生动引人瞩目（此园久已关闭，所以只能用旧照片示例）。

-62 **皇家园林中一处小庭院的门景**

“垂花门”是利用木构件结构灵活、便于精致加工的特性，而使园门颇具装饰性的建筑形式，于是皇家和府园林常用“垂花门”提示着门内庭院景致的不同凡响；同时，这类精致的门景、墙景也成为更大范围园林景和园林空间序列中的一个亮点——这也是建筑的装饰形式在园林中具有景观意义的又一实例。

2-63　承德避暑山庄“万壑松风”（参见图 4-17、图 4-18）

清康熙帝《热河三十六景诗·万壑松风》描写这里的景观是：“据高阜，临深流，长松环翠，壑虚风度，如笙镛迭奏。”中国古典园林中常用的植物花卉（如松树、梅花、荷花、竹子、藤萝、菊花等），它们不仅因人格理想的寓意而具有很高的文化品位，而且也都能产生丰富生动的景观效果。例如“松声”就是表现园居者与天地万物相互凑泊无间的重要方式，所以得到历代造园者的珍视。

植物景观

在中国古典园林景观中，林木花草也占有重要的位置。这不仅是因为林木花草是表现园林中自然气息所必需，而且更因为形态和色彩千姿百态的植物是建构丰富和谐园林景观体系最有效的艺术手段之一。中国著名文学家辛弃疾在《沁园春·带湖新居将成》中描写自己园林中植物景观之丰富：“东岗更葺茅斋，好都把、轩窗临水开。要小舟行钓，先应种柳；疏篱护竹，莫碍观梅。秋菊堪餐，春兰可佩，留待先生手自栽。”他这是在详细说明：造园家不仅要随园林中具体的地势、建筑、山水等环境，而且还要根据四季物候的变化来安排园林中丰富多彩的植物景观。

我们知道，中国是世界园艺学的发源地之

2-64　掩映在一片苍翠之中的园林小景——“流杯亭”

以繁茂的林木而渲染园居者迥出尘外的品格，是中国古典园林重要的设计传统，中国园林中经常栽植的松柏、银杏、翠竹等树木，则进一步烘托了其纤尘不染的风格。

一，所以从很早的时候开始，人们就对观赏和配置各种花木有着很高的热情，比如在唐代，洛阳城中的人们就争相品赏牡丹："每春暮，车马若狂，以不耽玩为耻。……一本有直（值）数万（钱）者。"同时，牡丹也有了众多的珍稀品种，所以白居易就认为在文人园林中，因为表现园林主人高洁品格的需要，就应该避俗就雅，选择色质洁白的白牡丹，即如他的《白牡丹》一诗中所说："众嫌我独赏，移植在中庭。留景夜不暝，迎光曙先明。对之心亦静，虚白相向生。……折来比颜色，一种如琼瑶。"至宋代以后，园艺技术和美学更加发展，于是这时人们就越来越可以突破地域、时令等限制而更多地根据园林中设置景观的需要而栽种植物花草，比如据苏轼《菊说》中记载，北宋京城中流行观赏菊花，而且这些菊花很多都是园艺家用其他花木嫁接的，所以其花期大大延长，已经不像以前那样必须受到时令的限制（原文是："近时都下菊品至多，皆智者以他草接成，不复与时节相应。始八月、尽十月，菊不绝于市"）。在这些成就的基础上，宋代还出现了许多总结园艺学技艺或园艺美学的理论著作，比如《芍药谱》《菊谱》《梅谱》等等。园艺学的如此发达，不仅对于中国古典园林艺术，而且还对于中国绘画艺术、以花卉草虫为题材的雕刻艺术和中国美学产生了重要的影响（见图 2-73、图 2-74）。

2-65　北京某寺院园林中，一株千年银杏遮天蔽日

在皇家园林和敕建的寺院园林中，高大珍稀的古树名木总是烘托着这里尊贵不凡的环境气氛。

2-66　文人园林中的古藤

与上图所示皇家园林、寺院园林中植物景观的风格时有不同，文人园林中的植物景观（尤其是作为专意的观赏对象时）往往注重其品格的高雅不俗、其姿形的奇崛特立。

2-67 江南园林中水生与陆生植物的相互配置

在色质和色调层次上，各种花木之间以及花木与建筑的配置组合，也要尽量丰富和谐。

2-68　园林中的乔木与灌木的配置

花草树木品类和色彩的丰富及其与山水建筑的和谐配置，也是园林构景艺术的重要内容。同时，植物景观的配置也是组织结构园林体系中的重要一环，宋代著名文人周密记述他家园林的“后圃”一区中，是以茂密的梅、竹为植物景观（“梅清竹，亏蔽风月”）；而到了命名为“小蓬莱”的水景区，则是“老柳高荷，吹凉竟日”——这种以植物景观的变化而形成或佐助空间形态和景观形态上的变化，也是中国古典园林中很常用的艺术手法。

2-69　江南园林中院落的一角

虽然只是墙角的小景，但是由于造园家对花木品类的选择配置十分经意，加上粉墙黛瓦的衬托与对比效果，所以形成了动人的画面。

2-70　江南文人园林中的小院

在形态和色彩上都呈现出丰富品貌的植物景观及其与建筑、山石等其他园景要素的配置，不仅使得小园林富有生机，而且即使是在十分有限的园林空间内，也能够塑造出景观的多重层次，比如这幅画面中的近景与远景、院内之景与院外之景、低平之景与高处之景，等等。

2-71　江南文人园林中的小景

园林中的建筑因为有丰富植物景观的衬托而显得分外俏丽动人。

2-72　秋色中的园门

植物色调在四季中呈现出的变化，不仅大大丰富了园林景观的内容，并且因为体现着天地四时的无穷律动而使园林中蕴涵了生命的韵致。唐代大诗人李商隐曾描写一处园林在秋日火红柿叶映衬下的景致是："院门昼锁回廊静，秋日当阶柿叶阴。"因为有了植物景观的生命意味和如画色彩，原本庭院深深、静寂无声的小园变得具有了不尽的情韵。

2-73　宋·赵孟坚《岁寒三友图》

对于松、竹、梅的爱好始于文人园林和士人文化，又由于文人园林的广泛影响而成为各类中国古典园林中最常见的植物景观，并且对中国古典文学和绘画艺术产生了显著的影响。

2-74　宋代版画中的梅花

此图出自宋代宋伯仁编绘《梅花喜神谱》。宋伯仁，字器之，号雪岩。广平人，曾为盐运司属官，著有《西塍集》，工诗，擅画梅花。宋伯仁在此书“序”中详细叙述自己对梅花的嗜爱、园林中栽植梅花品种之众多、园景布置与种梅赏梅的关系以及爱梅对自己绘画创作的影响：“余有梅癖，辟圃以栽，筑亭以对并每于花放之时，徘徊其间，谛玩梅花之低吊俯仰，分合卷舒。……余于是考其自甲而芳，由荣而悴，图写花之状貌，得二百余品，久而删其具体而微者，止留一百品。名其所目并题以古律，以《梅花谱》目之。”——由此可见当时园艺学的发达，以及园艺与绘画、园林、文学等诸多艺术门类间相互影响之一斑。而这种艺术氛围更催生了两宋以后众多的文学艺术经典之作，例如宋徽宗赵佶的《梅花绣眼图》、南宋马远的《华灯侍宴图》（描绘梅园的殿堂中歌舞宴乐的豪华场面）、南宋大词人姜夔的名篇《暗香》《疏影》（两词都是在范成大园林中因观梅而作）等等。

2-75　明崇祯时的版画描绘了园林中用藤萝架搭成的门罩

此种颇具有自然气息的门景装饰方式在明代中晚期有关园林的绘画作品中可以看到很多，但是在清代则难以见到，这说明两代园林在艺术手法和艺术趣味上有着许多差别。

园林小品

中国古典园林中的景观要素除了上述山、水、建筑、花木等等之外，还有品类很杂但是作用同样不可忽视的一类，这就是园林小品，其中包括：花石铺地、盆景、金鱼缸、石桌凳、花石基座、各种栏杆栏板、附丽于建筑的彩画、匾额楹联等等。由于中国古典园林的长期发展，又由于中国古典建筑、雕塑、园艺、文学、绘画等等众多相关艺术门类的成就的相互滋养，所以虽然是园林艺术中的附属物，但是它们往往同样非常精美、耐人品味，并与园林景观体系充分融合辉映。下面举几个例子：

2-76　苏州狮子林“燕誉堂”前小景

这类景观小品虽然体量十分有限，但依然力求将不多的几种景观要素加以精当的配置，所以耐看。

2-77　江南园林中的石经幢（右页上）

流传有序、年代久远的碑刻（及相应的碑亭、碑廊）、古塔、经幢等文物，通常都是园林珍贵的建筑小品，一方面它们优美的建筑造型使得园林庭院增添了不少观赏性，而更主要的是，它们使得园林具有了深厚的历史感、精雅凝练的人文和艺术格调。

2-78　颐和园谐趣园“知鱼桥”桥头的牌坊（右页下）

这座小牌坊用石材雕凿成仿木结构，形态精致雅洁，本身就是一件工艺品；桥名用《庄子》中“知鱼之乐”的典故，更耐人玩味。

2-79　明崇祯时版画对于园林中盆景的描绘

盆景是中国园林和室内装饰艺术中运用广泛的景观小品之一，从唐代李贤太子墓壁画等描绘中可知，至少自唐早期开始就已经流行。宋明以后，盆景艺术发展到非常精熟的程度，《瓶史》等关于盆景艺术的理论著作也纷纷出现。从此图中可见：室内与室外都陈列着众多式样的盆景，而且与高大的乔木、围墙下的花栏内繁盛的花草、太湖石等等一起构成了丰富的庭院景观。

三

玉亭争景 画桥对起

在前一部分中，我们介绍了中国古典园林的基本特点，以及中国古典园林是由怎样一些丰富具体的景观要素而构成，由此可以对于中国古典园林艺术的形貌有一个初步的知晓。在本章中则要进一步了解：上述众多园林景观又是通过一些什么样的处理手法和原则，因而成就出了完整而又充满巧妙变化的艺术整体。

稍稍留意就不难发现：在园林这样的大尺度艺术空间内将众多景观要素和谐地结合在一起，并不是简单容易的事情，比如我们读宋代词人张先对于园林的描写："横塘水静花窥影，孤城转浮玉无尘。五亭争景，画桥对起，垂虹不断，爱溪上琼楼。”（《倾杯乐》）—— 他眼前的园林景观如此丰富多彩，溪池等水景、楼亭桥等多种建筑、花木和天幕上的垂虹等等，真是让人目不暇接，那么这丰富的园林景观到底是如何安排在一起的呢？再比如亭、桥等都是属于建筑景观的范围，但是为什么又要有“五亭争景，画桥对起”这建筑景观之间“争”和“对”的关系？它们与横塘、溪水、窥影之花等等其他山水植物景观又处于一种什么样的艺术关系中呢？所以要深入一些地领略古典园林的艺术魅力，就需要对诸如此类的问题有所了解。

花间隐榭，水际安亭

——园林景观和园林空间的组织结构艺术

在中国古典园林中，一切具体的景观要素从来都不是作为单独和局部的观赏对象而存在的，相反，它们都是整个园林景观体系、园林空间序列中一个又一个的有机组成部分。所以，将这无数具体的景观要素组合而成为一个完整、和谐、极富变化韵律的“园景体系”，是较之展示任何单一园林景观更深一层的艺术；同时由于“结构”诸多景观和景观空间的技巧和匠心，早已渗透到对于每一具体园林景物的塑造过程之中，所以领会到园景之间的这些结构技巧和设计匠心，又是我们真正看懂园林中每一景观所需要的。

那么，中国古典园林中的诸多景观要素和复杂艺术空间，是通过一些什么结构方式和组合原则造就出园林中那样丰富的美感呢？我们说，这些方式和原则之中，至少包括这样一些内容：

其一，对于园景体系完整而全面的设计与精审的权重。

由于园林是一种空间尺度比较大的造型艺术，又由于中国古典园林常常以各种方式崇尚和模拟自然界的景观形态，所以一般的观赏者往往不容易留意这些园林景观是通过怎样一种精心的整体设计和配置才“结构”而成的。但是实际上，这种全面的设计和配置正是中国古典园林所以能够呈现美感的关键之处。如图例 3–1 所示。

3–1　在北京颐和园西堤的廊桥之上东望（下一页）

从此图可见：远处的湖心岛、长桥、桥头八方亭等多种景观的组合配置，不仅本身就和谐而具有姿态舒展的韵律变化，而且当人们隔水在远处的西堤廊桥上观赏此景时，它从湖心岛左端到八方亭的尺度，大约占据了景框（由廊桥的木构件组成）宽度的 60.5%，因而与“黄金分割”的比例相当接近—— 这说明每一建筑（甚至其体量、形制、方位等一切技术细节）的设置，都必须经过仔细的斟酌，都要精确地权衡它与周围诸多景物在尺度、风格、功用、色调、曲线形态、空间层次等等方面，是否能够彼此协调、相映生辉。而只有经过这样全面权衡和精审的配置组合，园林中的每处景观才能具有美感。

在一些不求甚解者看来，中国古典园林崇尚的似乎只有“率意任真”“崇尚自然”这样一些文人化的美学理想，其实这是一种相当表面的印象。因为作为一种以大尺度景观及其空间形态为基本造型对象的艺术形式，中国园林所以能够成为艺术设计中的经典，它的体系内一定有着非常精致复杂的结构关系和比例关系；只不过中国艺术家们的这种致力深藏不露，因而与西方园林将比例美和人工塑造之美尽量彰显很不相同而已。如图 3-2、图 3-3 所示。

3-2 苏州网师园中一景（左页）

这是中国古典园林以精致的手法而使园景呈现出“结构美”“比例美”乃至“绘画美”的佳例之一：画面的用色相当简约，只有墙面的白色、瓦的黑色、建筑构件的土赭、植物的绿色与山石的灰色等很有限的几种，但是由于色彩的运用是与线形、景物的层次、比例运用很好地结合在一起，所以毫无单调之感，相反，飞动的线形将各个景观局部和景观层次的色彩一一突出了出来，比如墙脊和屋脊的黑色线条勾勒出了天际线，使整座园林景观具有了构图上的完整性；而大面积白色墙面的雅洁风格，又与回廊、假山等等景致的精巧婉曲风格形成了相互的对比和衬托；水面在色彩和意态上的流动感，又与建筑山石造型上的结构感和色彩上的质重感形成相互的对比和衬托，等等。尤其可以注意的是：画面中各种景物之间尺度比例（比如曲线和直线各自的位置和比例，水轩屋顶和屋身的尺度比例，水轩的体量与游廊、山石、墙面的比例，等等）的筹算精准和谐，没有任何的草率鵕鹛之处。所以，以这种精审复杂的构景手法为基础，造园家就可以用看似十分简约的物质材料造就出内容生动丰富的画面 —— 换句话说，这类园林景致的可观，在表面上是山水建筑花木等呈现出的直观画面，但在更深的层面上，还是诸多景观要素之间那种精致的结构关系与和谐的变化韵律。

3-3 英国牛津郡的一处园林（录自 David Hicks: Cotswold Gardens）

如果与欧洲园林相比较，则不难更多地体会到中国古典园林的特点。人们常说中国园林“崇尚自然”而西方园林人工刻意，但实际的情况可能并非这样简单，因为将本图与上图相比较就可以看到：英国园林中的轴线设置、灌木的人工修剪、意大利风格的水池石桥雕塑等等斧凿痕迹的彰显，大都集中在园林的外观层面，而在更基础的层面，园林则完全依托于英国那种起伏舒缓的丘陵地貌、色调丰富充盈意态沉静内敛的广袤植被等等自然生态景观。相比之下，上图所示中国古典园林对于山石水池形态、简洁的建筑色调、自由式空间布局等的运用虽然都强调“自然”，但不难看出在园景之美中更具根本意义的，还是造园家通过极尽精审的择取、配置和权重，将各种景观要素组合为一体的那种深蕴匠心的“结构”艺术。

由上面几个例子我们可以知道：中国艺术家对于园林体系完整而全面的设计，意味着他们必须首先从宏观上把握整个园林的空间格局及其景区的分布，比如所选园址的地形地貌，周边的山水形态，园林中山景区与水景区的划分与关联，主景区与附属景区的分类与关联，各个景区之间的对比、联通与转折等关系，主要建筑群形制、位置、功能等设置，园林空间序列中起承转合的节奏，园林路径对于空间序列的展现，等等。其具体例子比如北京颐和园中以主要山景区（万寿山）与主要水景区（昆明湖前湖）的相互组合作为全园的骨架，同时依此骨架而组织和贯通大量附属的次要景区，从而形成宏大而内部结构完整统一、逻辑关系清晰井然的园林空间和园景体系。再比如在承德避暑山庄中，因为有了山岭区、平原区、水景区这几大景区的划分，有了对它们各自景观风格的区分和突显以及对它们之间衔接和过渡的成功处理，于是使整座园林具有了弘阔深远的天际线、富于韵律变化的空间形态、完备丰富的景观品类，所有这些都是塑造具体而微的每一处园景的总体性的基础。由此可见在造园艺术中，成功塑造每一处景区、景点固然重要，但是更重要得多的，还是艺术家从整体上对于园林空间的把握并由此给园景体系中各种艺术要素提供一个形成统一组合和配置的平台。

全面地把握园林的整体空间并根据其骨架形成园林中各个

景观群组的分布，这不仅是大型园林的首要设计原则，同时也是中小园林甚至是园林中许多局部景观和局部空间中进行更为精致配置时的设计原则。比如北京北海“静心斋”中，就是通过主景区与附属院落（“抱素书屋”）之间的精心对比配置，从而造就了一处景观品类完备、空间布局有开有阖的园林。再比如苏州网师园以水景区为园林的核心部分，同时依托这一核心而形成周围诸多庭院的贯通与穿插（见图 3–9）。甚至在空间十分有限的园林小品中，这种完整全面的权衡仍是“构景”的关键，比如图 3–4 所示江南园林中一处寻常的墙景，也需要在整体把握其空间结构的基础上，才能和谐地配置多层次、多种类的景观要素。

第二，园林景观体系中丰富的艺术对比与艺术组合。

在全面把握园林整体空间和景观布局的基础上，园林家就可以运用多重艺术手段进行具体的园景塑造。其中最经常运用的，是在各种园林空间和园林景观之间形成对比、衔接、穿插、转换等等艺术上的关联，并由此而造就丰富的园林景观画面、和谐的园林景观层次与景观序列。

诸多园林景观之间的这种艺术结构，常见的有水体与山体之间的对比与转折，山水与建筑（亭、台、塔、水榭、爬山廊等）之间的对比与组合，建筑与建筑之间的对比与组合（比如主

3-4 在狭蹙的空间内安排诸多景观要素及其结构关系

乔木、灌木、花草等与叠造有致的山石（取纵向的势态）、婉曲的粉墙（取横向的势态）、粉墙后作为背景的高大建筑等等组合在一起，形成一幅具有层次感的小景，并显示出造园者安排园景每一细部时的精心不苟。

建筑与其附属建筑之间的组合、木结构建筑与砖石建筑的对比组合、高层建筑沿纵轴线展开的造型与周围低平建筑沿水平线展开的曲折之间的对比组合等等），林木花草与山水建筑的穿插组合，等等。而这些大范围的组合配置之中，又包含了许多在层次和局部上更为细致的组合，比如在颐和园总体的山景与水景的对比组合关系之中，又包含了其水系中昆明湖主水体与诸多附属的次水体之间的组合以及这些附属水体与周围景观的具体配置。再比如拙政园中部景区之中，水系、山系等自然景观与“远香堂”等建筑景观形成相互映衬的组合关系；而同时“远香堂”又与“见山楼”隔水相望，两者一座是四面围廊的单层建筑，一座是矗立水边的高楼，于是这一高一低两座建筑之间互为观赏对象（对景），同时又形成建筑功能、形态和风格上的艺术对比，并使园中的建筑形态丰富起来（见106、107页图2-25）。

由于上述组合关系是构成园景体系的基础，所以各种园林景物、园林空间之间的对比、穿插、衔接、转换等等手法，就是造园艺术中非常重要的手段；而只有当造园家将这些手法非常精当、巧妙而灵活地运用“构景”时，也才能够结构出精美的作品。图3-5、图3-6所示，就是具体的例子。

第三，园林“景观形态”上的丰富变化与园林“空间形态”上的丰富变化，这两者无处不在的相互融合与凑泊无间。

3-5　江南园林中一处水池周边的景物布置

水池的灵秀与驳岸的嶙峋形成对比；水岸的起伏错落再与背后游廊的高下舒卷有着或显或隐的呼应；而游廊的粉墙与黛瓦又在色彩上相互映衬——在相当有限的空间中，造园家精审地安排和组织多重景观要素（包括各种景物的质地、色彩、造型、位置、意趣情态等等）之间的配置关系，这是中国古典园林能够创造出丰富和谐艺术效果的重要原因。

6　广州番禺“余荫山房”中的廊桥

廊桥的优美造型不仅在非常局促的空间内大大丰富了水面建筑的观赏性，更主要的是，它通过对多层次空和景物（几处水池、假山、房舍、花木等）隔中有通、通中有隔的结构方式，造成了空间和景物上的变化韵律，时也使有限的园林空间具有了丰富的透视感。由此可见，中国园林艺术对于每一处具体景观的处理，都是将其于园林整体景观的构造之中。廊桥的楹联为：“风送荷香归院北，月移花影过桥西。”这也是对于此桥在园林间处理上的效果做出明确的说明和提示，因此兼有文学性和造园艺术上的意境。

我们在前文中说明，中国古典园林通过十分丰富的景观要素形成了完整的园景体系；同时，它又通过对具体景物在高下、巨细、向背、开阖、分割、联通等等空间关系上塑造，形成了丰富的园林空间。于是人们看到：在中国古典园林中，塑造园林景观体系的结构手法，其实是与园林空间形态上的结构手法水乳交融地结合在一起的。而诸多景观上的丰富变化与和谐组合，同时又是与空间形态上的丰富变化与和谐组合充分融合在一起，这是中国古典园林艺术魅力的重要来源之一。

比如图 3–7 所示：北京北海镜心斋中诸多丰富的景观内容，是在完备空间层次（近景、中景、远景的各自位置及其配置，景观空间由近及远延伸过程中精当的节奏感等等）的衬托下，才呈现出一幅十分完整和谐园林图景。

3–7 北京北海“镜心斋”中，空间层次与景观形态的综合布置

雅洁的小石桥与其后面的水榭、山亭、湖石假山等等景物，在形态、质感、色调、尺度、位置的高下远近等等方面形成了艺术上的相互对比映衬，从而组合成为一幅层次和色彩十分完整的园景画面。同时，各种园林景观的设置，又与园林空间的布局很好地结合在一起，由此形成园林中近景、中景与远景之间，在空间和质地风格等方面的层次感、形成它们之间变化过渡时的和谐韵律。

由于中国古典园林构景艺术的手法变化万千，所以园林景观与园景空间之间和谐组合所呈现出的具体形态也就层出不穷，下面再举几个具体的实例：

3-8　园林中相邻两重院落之间的“借景”

这是一幅以园林为表现内容的明代版画（选自《吴觎萃雅》），从中可见园林的主要院落中不仅有着水池、荷花、甃岸、栏杆、盆景等诸多近景，而且这一院落更以邻近院落中的假山、花木等景观为借景。此类借景是中国古典园林中普遍运用的一种“构景”手法，它使得园林景观和园林空间的层叠、顿挫、衔接、转换、延伸等等艺术关联变化非常巧妙而自然。所以明代造园家计成说借景是“林园之最要者”，而借景中又有“远借”“邻借”“仰借”“俯借”等众多技法。而《红楼梦》写大观园水景有“绕堤柳借三篙翠，隔岸花分一脉香”之妙，也是说园林中各景区之间善于因景和借景的艺术关联。

9　苏州网师园鸟瞰图

从此图中可以清楚地看到：在相当有限的空间内，小池、多种造型的建筑、植物等等园林景观与相关园林间之间，具有复杂的联通、穿插与变化关系。比如：亭子有六角攒尖、半亭等变化，屋宇式样有卷棚、硬山等化，房屋的立面有单层和楼阁等变化，园林的空间布局有核心的水景区与周边的无水景宅院区等变化，水景区中又有水池北岸的疏朗布局与水池南岸的游廊逶迤穿插等空间上的对比与变化……所有这些看似随意安排点染景物关系和空间关系，实际上却是经过了精密审慎的设计才“结构”出来的，所以这也是中国古典园林“构”艺术的很好范例。

三　玉亭争景　画桥对起

3-10　苏州环秀山庄一景：园林景观与园林空间的组织艺术

这是一幅动人的园景画面，稍加解析不难看到：在这里，假山、池水、树木、亭桥、回廊等造型各异，品类丰富的园林景观，它们在质感、色调、形态等方面的艺术变化，同时又完全是与它们在空间形态上的开阖、高下、向背、迎避、错落、婉曲等等复杂变化（例如石桥姿态的迂曲、池涧的婉转、回廊亭台等建筑的依水逶迤拗折等等），和谐融为一体并在有限空间中展现了丰富的曲线美。仔细品味还可以看到：这里每一景观要素的位置及其空间变化都经过精准的权衡，因此整个园林空间序列丝丝相扣、结构井然，同时又充满了流畅生动的气韵。

而越是在空间形态变化复杂、诸多不同景区集成度高的较大型园林中，就往往越是需要艺术家对于园林的布局有着统一的把握、需要对每一局部的设计有着巧妙的“权重”。下面以北京颐和园谐趣园一处并不引人注目的设计为例：

谐趣园在整个颐和园景观体系中处于收尾的地位并位于万寿山的后侧，又由于它是模仿江南文人园林的风格，所以它在颐和园整个园林景观序列中的地位不能过于突出，其外观轮廓必须取平缓低敛之势。但是，谐趣园园内东西狭长，水景深远，主建筑“涵远堂”面南而踞，其方位、高度皆不足以统摄全园，而园外东西两端又没有可以借入园内的高大建筑景观。为了控制谐趣园的东西景深，也为了使园内的环池建筑的天际线富于韵律变化而不失之于单调平滞，就需要在全园西端设一座比较高大的楼阁。

上述情况使造园家面临一个不小的难题：全园外观必须呈现低缓抑敛之势，但是园内景观又必须以高楼而突出建筑群的空间曲线，这种两难就是园林空间和景物关系中一个棘手的焦点。但是我们看到，造园家对这一难题的处理非常巧妙而不露斧凿之迹：谐趣园西端的“瞩新楼”（原名“就云楼”更能体现其建造意图）采取了灵活、别致的形式，它依园外山麓而起，上下两层。下层后墙隐于岩壁之下，而楼的前立面则露明于园

–11a “瞩新楼”在“谐趣园”园外的单层立面及其内敛风格

内，楼的上层柱脚与园外地面齐平，同时向园外开门、窗。因此从园内看，它是一座俯瞰全园的高楼（图 3–11b）；而从园外看，它只是一间低平的普通厅堂（图 3–11a）。这种处理方式在建筑技术上没有什么特别的难度，但是却需要对园景和园林空间中复杂的多重关系（比如谐趣园与颐和园景观序列的关系、谐趣园内东西轴线与南北轴线的关系、水景与建筑的关系等等）有着全面和细致的权衡。而中国古典园林中许多此类初看之下平淡无奇的设计，其实都是出于造园家对园林空间和景观体系完整而精审的把握。

3-11b “瞩新楼”在“谐趣园”园内的两层立面及其周边景致

台亭随高下，敞豁当清川

——建构精致而富有韵律的园林空间序列和园林景观序列

以上我们介绍了中国古典园林组织和配置园林景观的艺术方法和基本特点，在这个基础上应该进一步注意到的是：与绘画等静态的造型艺术形式不同，由于在园林中的游览是一种动态的观赏过程，游人的视角始终随着游览的过程而移动（由中国古典园林的山水结构和模拟自然的布局方式所决定，这种位移往往又是水平、斜向、纵向等多种方位糅合在一起，因而十分复杂），随之而来的是人们对于园林景物和园林空间的观感也在不断发生着复杂精微的变化。对于这种动态观景方式的特点，前人曾有许多精当的形容，比如杜甫《寄题江外草堂》中的描写："台亭随高下，敞豁当清川。"又比如白居易《游悟真寺诗》："入门无平地，地窄虚空宽；房廊与台殿，高下随峰峦。"他们所赞叹的，都是在进入景观序列和游观过程之后，游人眼前景致在不断位移和变化过程中所呈现出来的美感。

于是我们不难体会到：在中国古典园林的"构园"艺术中，不论是对于各种风格和造型的景观要素的配置、还是对于各种园林空间关系的配置，都必须与这种动态的游赏过程很好地融会在一起。而由于这个动态的过程使得各种园林景观要素的配置处于较之静态条件下更为复杂得多的状态，所以这就对造园艺术提出了更高的要求。通俗地说，中国古典园林“构园”艺术的精妙之处，除了表现为塑造出无数可以静观的园林景观之外，更表现为塑造出了一种在“可游”的动态过程中不断呈现出美感的景观艺术；再细致一点说，这种“可游”中的景观艺术又要至少包含两个方面：景观美感的不间断性与景观美感的无穷更新。

那么，中国古典园林又如何具体塑造了这样一种“可游”的景观艺术呢？我们说，这主要是通过造园家对于山水、建筑、花木、小品等等各种复杂园林景观要素之间的配置关系，对于园林中各种复杂的空间关系的每一个环节（例如：高下、远近、开阖、直曲、起伏、扩展与收敛、迎对与避让、遮蔽与显露、景观造型的曲线与角度，等等），都加以精审的设计和整体权衡；并由这种统一完整的精致设计，实现了整座园林中各个景区、景区之中各种景物之间的相互映衬、呼应和流动变化。

下面通过具体的图景来说明中国古典园林究竟是通过哪些艺术方法，塑造出了千变万化的“可游”之趣。因为造园家在这方面的艺术手法非常丰富，所以我们不妨多举一些例子：

3-12　苏州沧浪亭的园门与园门前的曲桥

沧浪亭一园的空间序列和景观序列，都是从园门外的曲桥而缓缓开启的：经过曲桥之后，园墙的立面、粉墙黛瓦构成的色调反差、泄漏出园内些许春光的园门等等，不仅标志着景观序列与空间序列的下一个段落，而且更与曲桥平缓舒徐的意态形成了很好的对比与映衬（曲桥为水平而园门为纵向；曲桥为暗色调而园墙为明色调，等等）—— 可见在这样一个看似非常普通的组合中，空间序列的流动都是与景观序列中多重艺术因素的发展变化组合在一起的。

3–13　江南文人园林中的一处门景

这是文人园林中门景的佳例之一：山石之侧，洞门将小院中动人的景色漏出些许，园门与小桥的衔接更暗暗催促游人跨过园门和小桥去品味园中的山水；而洞门之内再套下一洞门，尤其意在告诉游人：此间境界有“庭院深深深几许”一般的延绵不尽。由此景可见：优秀的园林设计，经常是依赖于灵动和尽量富于韵律变化的空间序列和景观序列来完成的。

3-14 江南园林中的一处门景

洞门题额为“入胜”，以这种简洁的手法形成了对园林空间和景观序列的示意性前导。

3-15　苏州网师园中连绵的窗景

游人随着造园家设置的游览路线缓步前行，于是造型和位置不断变化错落着的一个接一个廊窗，不断呈现着延绵不尽的园景，并引导游人的心绪渐入佳境。这类手法的纯熟运用，使得在园林空间之内蕴涵了丰富的艺术变化。

3-16　苏州拙政园中的一处水景

小舟荡漾于狭曲的水道之上，使得原本静态的亭前景观生出几分动感。

3-17　苏州拙政园中的小桥

小桥被赋予了具有动态感的优美曲线和“小飞虹”这样具有动感的名字，于是在不知不觉之中增强了景观序列和路径设计对游人前行和移动视线的引导性——这是通过塑造单体景观的线形而表现出园林空间流动感的例子（207 页图 3-26 展示的，是以两座曲桥形态上的变化显示出园林空间的流动感，可与本图相互对比）。

3-18　建筑曲线与水体曲线的相互映衬

中国古典园林中的许多建筑，不仅本身具有值得仔细品味的曲线美，而且建筑曲线与地貌等自然景观形态曲线之间的精心配置，更使整个园林空间都具有一种和谐舒展的流动感。

三　玉亭争景　画桥对起

3-19　颐和园西堤及“西堤六桥”（图示中有三桥）

在大尺度园林空间中，对于景物线形和曲线走向的设计更是能否使园林空间具有和谐流动感的关键。从此图中可见：西堤的绵延之势始终与作为其背景的西山山脉遥相呼应；而造型各异的“六桥”按照恰当的节奏尺度依次布列在长堤之上，从而使整个园景的曲线具有了生动的韵律变化。

3–20　**江南园林中庭院一角**

园林空间、景观格调的衔接与转换，是中国古典“构园”艺术造就“可游”之妙的关键之一。在这个看似非常普通的实例中，游人在沿路左转、步入下一个庭院（即下一组园林空间和园林景观）之前，就可以通过建筑的露窗、檐廊等等的沟通环节而依稀领略到其间的景色，从而使得园林空间与园景的延伸和转换具有了起承转合的动态韵律。

3–21　**方寸之地内塑造出韵律美感与绘画美感的小例子（右页）**

悠长的回廊之侧布置着亲切可人的花石小景，这是江南园林中十分常见的一种景观配置方法。它看似十分简单，在整座园林中的地位也似乎十分微末，但是稍稍留意也许不难看到：回廊的婉曲延展和花窗的灵透生动，充分显示着园林空间序列、给人以一种流动不居的韵律感；而同时，回廊侧近的小景简而不陋，其花石的色彩、尺度、造型意态等等都经过细心的权衡设计，故此耐人品味。这种构景手法的巧妙之处在于：它在以游廊、花窗等塑造出园林空间的鲜明流动感之同时，又十分自然地在其中穿插着精致的休止停顿；而这种动态与静态的组合配置，恰恰还是与不同景观类型的配置融合在一起的（游廊的木结构形态和质感，与花石等自然景观形态和质感之间的对比组合），于是这类小景的方寸之地中，就兼具了动感之美与静态之美，音乐的韵律美与绘画的色彩、质感上的和谐美——由此类例子可以知道：中国古典园林中许多看似简单的构景之中，其实包含了很可品赏的韵味。

3-22　小庭院中门、廊的处理手法

造园家对园林小院落中咫尺之地的处理也决不草率随意，而常常是通过门、廊、水流等等的配置，使非
有限的庭园空间显示出与更大空间之间的沟通。具体到这则实例中我们看到：庭园空间虽然十分狭蹙，但是由
有了近处腰门与远处回廊尽头空间的开敞（回廊加装美人靠等木构件），所以不仅打破了小庭园中的封闭感，
且这一近一远两个出口的映对，又使得这有限的空间中具有了起伏顿挫、回环往来的流动感。

-23 北京北海“镜心斋”中的水榭

山水之间的建筑对于联通和融会山景与水景具有重要作用。这处水榭背山面水而建，因为有了这样一座空间畅而构造精致的建筑，所以从山体到水体的空间过渡和景观格调的过渡，就有了颇具匠心的顿挫、转折之妙。

3-24 颐和园长廊中以四座小亭及其相关命名而体现四季的运行（四亭选一）

长廊是颐和园前山的主要游览路线，造园家在长廊中设置了分别代表一年四个季节的四座亭子，并分别
名为“留佳亭”“寄澜亭”“秋水亭”“清遥亭”，以此体现四季中各自最有特点的园林景色。中国木构架
筑的优点，在于它在形态塑造上非常灵活，可以很方便地与其他建筑组合在一起，从而形成建筑与建筑之间
互衬托、对比等艺术上的关联。以颐和园长廊中加入四座亭子为例，由于这样的设置，遂使绵延不断的长廊
有了起伏顿挫的节奏感，并且使长廊在统一的空间格局之中划分出了若干相互联通又各自相对独立的景观单
—— 这是园林中的建筑物同时具有观赏价值和组织园林空间双重功用的实例。

3-25 江南文人园林中游廊与亭、池、院落等景物的配置

游廊是中国古典园林中变化最为灵活的建筑类型之一，历代园林美学文献中，有大量文字描述了由于造园家巧妙运用回廊而产生的艺术效果：一方面，游廊充分联络着园林中的诸多景物和空间（比如唐代诗人岑参描写的“回廊映密竹”；杜甫名句描写的“小院回廊春寂寂，浴凫飞鹭晚悠悠”）；同时，游廊更使园林空间具有了舒徐自然的流动感（如陈傅良所描写的“小廊曲通幽”）、具有了空间和景观序列之中连绵不断的曲折变化（如厉鹗所描写的“几折虚廊通浅渚”）。

以本图所示为例，园中右半段游廊（隐于画面右侧的树后）缓缓爬升，至小亭而达到高处的同时，也形成景观序列的一个重要节点，在这里游人十分自然地将以前一直沿着游廊而纵向展开的观赏视线转为横向，在小亭中仔细品味面前的小池等等景物；而经过小亭继续前行，观赏视线再次转为纵向，同时游廊逐渐低平，在刚才一段起伏跌宕的节律慢慢收尾的同时，又开启着园林空间的下一个转折和展现下一组群园林景物的过程。从这类例子中不难体会到：在中国古典园林中，“游观”乃是景观美感不间断性与景观美感不断更新的统一。

三　玉亭争景　画桥对起

3-26　苏州拙政园以连续的曲桥显示园林空间的流动感

石桥具有动感的造型显示着对游人前行的引导性；而经过一个景点的略略停顿之后，前面隐约现出又一曲桥，它在质地、曲线、空间方位导向等许多方面都与眼前的小石桥形成对比，从而形成延绵不断而又富于节奏变化的“可游”路线。

3-27 横向空间的结构艺术—— 苏州可园水池畔的景观序列（与下图参看）

这是通过对园林景观和园林空间沿水平线布置，因而造就“可游之趣”的例子：水边小亭、假山、院落等等沿水池逶迤而列；如果将画面中左侧小亭到右侧洞门的连线从中间划分为左右两幅图景，则可以看到：两座形态可人的小石桥大致位于左右构图中各自的“黄金分割”位置。这种景观层序及其空间比例的安排，不仅使得整个画面十分舒展，而且使绵延的游览路线之中具有了前后（即画面的左右部分）能够相互关照呼应的节点，因而整个景观序列的曲线具有悠长流宕的韵律感，同时又避免了由众多片段组成的较长空间序列和景观序列流于散漫无序。

仔细品味还可以发现，画面左侧的小石桥微微拱起，使桥体明显高出水面；右侧的小石桥则平直而紧贴水面，于是两桥之间的遥相对比与呼应，就使得水畔的空间具有了一种从左向右的舒缓流动意向。而同时，水池之畔的一系列景物又有背后稍远处小土丘的高下起伏作为背景，遂使水畔的横向园景空间序列具有了纵向的辅助衬托。造园家诸如此类的精心权衡安排，就使得在很有限的空间尺度之内成就出了丰富深致的园林景观体系。

-28 纵向空间的结构艺术—— 苏州虎丘山前小院的景观序列（左页）

与前面一图所示“横向空间的结构艺术”相互对比就不难看到，本图所展示的，是通过诸多景观要素之间]和谐配置，因而使园林空间具有“纵向流动感”的一个小例子：图中右侧的腰门与正面的洞门一高一低，又造型上形成了呼应、对比和递进的层序关系；随着缓缓爬升的云墙和石阶呈现出的抬升感，尤其是在远处山巅大古塔的映衬中，正面的洞门具有了对游人上行的引导意味；而粉墙黛瓦与周围景物在色调上的生动反差，又这种意趣更加鲜活地凸显出来。稍稍留心还可以发现：在此构图中，洞门也大致处于从石阶起点到塔顶连线中]“黄金分割”位置，因此使园景序列对游人的上行引导意向既不突兀喧嚣，也不弛缓颓弱。

而上图和本图的画面尤其说明：在中国古典园林中，诸如此类的复杂权衡配置完全不是通过机械式的计量刻板的规范而实现，相反它们是基于造园家对于园林景物和空间关系、对于人在宇宙运迈中位置的精微感悟造就的。因而这种直觉的安排也就始终具有真率自然的亲和感；常常能够在至为简单的构图中，却又蕴涵了准恰当的空间尺度和空间关系的设计，能够在占用物质资源极少的条件下创造出非常耐看、具有深远空间韵的景观画面（可惜笔者拍摄此片时恰逢阴天，而如果是晴天的话，因为有蓝天衬托，古塔的轮廓曲线会十分晰动人，整个画面的色彩和层次也会丰富得多）。

以上我们用许多例子说明了中国古典园林何以把“可游”作为造景艺术的重要内容，也说明了造园家是通过哪些非常具体的艺术手法而塑造出“可游”的园林景观序列和园林空间序列。

而当我们领略了园林景观中包含的这些设计和建构技巧时，就会发现其中很多看似不经意的地方，其实含蕴了用意很深的艺术匠心。比如园林艺术家是如何安排园林中各个景区、景点之间的曲径，这对于刚刚走入园林艺术世界的观赏者来说往往是很容易忽略的地方，人们也许会觉得，与那些宏丽的建筑和山水景观相比，这些逶迤婉曲的路径缺乏炫目的魅力。但是实际上，由于园林空间序列和景观序列的结构技巧是中国古典园林艺术的核心内容，所以造园家总是要巧妙地运用和设置园林路径，将那些林林总总、原本可能分散无序的各种景观要素、景点和景区联系组合成为一座完整的园林。这种路径设置中所要处理的艺术关键包括：整个园林中如何设计多条观赏路线、主要观赏路线与附属路线之间的关系、各条路线与相应景区之间的配置关系、景观序列与景观空间展开过程中节奏感的把握、园景和空间序列中各种过渡和转折环节的设置与提示、路径周边景观风格以及附属建筑的设置，等等。在这样的基础上，造园家更通过对路径（也就是园林景观序列和园林空间序列的延伸方式）的成功设置，造就出园林中景区、景点之间的起承转合，开阖顿挫、因借婉转等等各种各样的艺术关联和艺术变化。而这种“结构艺术”是中国古典园林中最见巧思的地方，也是造就中国古典园林在其每一个相对静态的节点上又都具有一种动态美感的关键。下面看几个具体例子：

3-29 颐和园“仁寿殿”后面山石之间的曲径（左页）

殿堂周围大片的山石形成了相对封闭的庭院空间以及其中独立的建筑群落。穿过这一院落、并经过这一大片山石的阻隔以及曲径的导引之后，就进入了园林景观序列中下一个景区，其空间形态和景观风格与“仁寿殿”一区相比有了非常大的对比和变化。这说明：对于一个成功的园林空间组织结构来说，其前提乃是在诸多景物看似随意自然的布置中蕴涵了精审的路径设计。中国古典诗歌中名句“曲径通幽处，禅房花木深”（常建《题破山寺后禅院》）、“翠葆参差竹径成，新荷跳雨碎珠倾，曲栏斜转小池亭”（周邦彦《浣溪沙》）等等，都是以文学的形式对园林路径所具有的重要艺术功能的描写。

3-30 不同游览路线使得园景的变化更为丰富

园林中路径的分合、隔通、曲折、高下、远近等等设置的丰富性与和谐性，使园林空间序列的构成和变化充满了妙趣，即如《红楼梦》中记述贾政、宝玉等人初游大观园的段落中，对此更有详细而精彩的描写。比如写入园之后的所见是：“迎面一带翠嶂挡在前面。众清客都道：‘好山，好山！’贾政道：‘非此一山，一进来园中所有之景悉入目中，则有何趣？’众人道：‘极是。非胸中大有丘壑，焉想及此。’说毕，往前一望，见白石峻嶒，或如鬼怪，纵横拱立，上面苔藓成斑，藤萝掩映，其中微露羊肠小径。贾政道：‘我们就从此小径游去，回来由那一边出去，方可遍览。’”由此可见，“小径”是大观园中结构和组织一切园景要素的纽带。

3-31　俯视下的杭州清代行宫遗址区景观（与下图参看）

-32　**平视中的杭州清代行宫遗**
区景观

因为以模拟自然形态的山水
为园林立体空间的骨架，所以
着观赏者所处地势的高下起伏，
就自然而然地形成对园景的各
不同视角。优秀的园林作品要
从每一个视角所呈现出的景象
能产生出独特的风格和美感；
时，众多景象之间的连贯呼应
能使众多视角之间相得益彰。
种“俯仰行止皆有可观”，乃
中国古典园林空间组织艺术的
要特征。

-33　**颐和园长廊的起点“邀**
门”

在长廊的发端之处设此门，
标志下一景区和景观序列的开
——中国古典园林中对于各种
观之美学意义和重要性的强调，
往要通过标志性的建筑（门、
坊、楼阁等等）来实现，而这
建筑的设置在使得游览线路本
更具有艺术观赏性的同时，更
出了在“可游”的过程中，空
段落的划分和审美心理的起伏
宕。

三　玉亭争景　画桥对起

3-34　颐和园“紫气东来”关隘

这处关隘在形貌和功用上，似乎都与上图所示“邀月门”相差很大，但实际上它们主要都是园林景观序列和空间序列中的一种标志性和导向性建筑；同时，这类建筑物因地制宜而姿态万千，也使得园林的路径具有了丰富的艺术观赏性。

从上面举出的例子中，我们已经不难看到艺术家是如何通过许许多多的具体技巧和方法而塑造出了具有流动韵律的园林景观序列和园林空间序列。而因为中国古典园林各种景观要素和园林的空间格局都具有十分丰富的形态，尤其是在一些较大型的园林中，由于其中划分出不同风格的景区，因此，这些局部空间之间的因借、对比、转换、组合等等动态中的相互关系就更为复杂，而能否处理好这些动态的关联、能否在这些动态的关联中展现尽可能丰富和谐的韵律变化，所有这些，就更需要艺术家具有整体性空间结构的能力。下面让我们通过具体的例子，来看一下这种整体性园林结构的魅力所在：

3-35　作为北京颐和园水景区中附属水体的西湖（与 105 页图 2-24 参看）

一般来说，在景观体系比较完整、布置次序张弛有致的园林中，通常要在与主水体（面积较大的湖、池等）主景区相互分隔又相互映通的次要景区，构建几处水体形态富于变化的附属水体，以便形成园林中各个局部之间艺术风格上的变化与对比。比如颐和园西湖与昆明湖主体虽然仅有一堤之隔，但是不论是在水体的形态还是在周围景观的格调上，这里都大大不同 —— 水体变得狭长悠远、水道两侧柳枝拂人，完全是一派疏野恬淡的郊野景象。这种园林空间形态与景物风格上的变化、组合与和谐巧妙的过渡，是中国古典园林艺术中关键的技巧之一。

-36a　明代版画对园林水景区的表现

-36b　明代版画对园林山景区的表现

以上两幅版画皆选自《青楼韵语》，原书插图共十二幅，万历年间徽派名手黄一彬等人刊刻，为中国版画史上的佳作。作者在寥寥几幅插图之中，就可以挥洒自如而又真切细腻地表现出园林中千变万化的空间形态和景观形态，由此可以使我们体会到园林与绘画艺术深入的关联之处究竟在何处（详见本书第五章第二节）。具体说到本章讨论的问题，则上面两图之中，前者所表现的是园林中的水景区，所以其空间形态的风格以及相关建筑（桥、水榭等）都以水景为核心而设置安排；而后者所表现的则是园林中的山景区，园中的山石与园外的峰峦相互映衬，意境悠远。这种对于园林中不同空间形态和不同景观风格的准确把握，是造就园林“可游”之趣的基础。

而在景观要素和空间形态十分复杂的情况下，则尤其能够见出造园家的匠心；反过来，这种艺术矛盾的复杂性也为造园家成就出更富韵味的园林作品提供了用武之地。比如北京北海的“濠濮间”，就不仅是一所结构精巧的“园中之园”，而且尤其是一处能够在园林景观和园林空间序列动态转换中不断呈现出丰富美感的作品。为了能够更清楚地说明其艺术手法，下面我们用多幅图片、按照游人的游览路线而依次展示此园的设计用心：

北海“濠濮间”是中国古典园林发展至高度成熟的清乾隆时代园林空间组织艺术的一个经典范例——为了实现在皇家园林中构造以超世独立为主题的景区（“濠濮间”取意于《庄子·秋水》描写的庄周在濠梁观鱼、在濮水垂钓并置楚王使者于不顾的典故），造园家首先用起伏的山丘将“濠濮间”与周围其他景区隔开，然后用蜿蜒的小径将游人引入古木森然、山石嶙峋的峡谷之中（见图 3-37a）。几度峰回路转之后，“濠濮间”景区才渐渐出现在游人面前。作为园门的石牌坊上镌刻乾隆题写的楹联“蘅皋蔚雨生机满，松嶂横云画意迎”，以进一步突出景观序列对于游人的引导。石牌坊东侧横亘着大片山石，只是在石隙间隐约现出后面的一泓绿波和石桥。这种有意暂时深藏园景的手法，其目的在于增加景观的空间层次，特别是为了使以后豁然展现的主景能够产生更强烈的景观效果。而当游人再向前十数步时，园中的景物才现于目前：淡雅的石牌坊和曲桥、蔚然深秀的池水和古柏、朴拙的山石和山丘、明丽的水榭等等。游人穿过小石牌坊、步于曲桥之上，这时才可以直接临水体会“濠梁观鱼”的意趣。而坐在桥南端的水榭之中，更可以反身回味刚才走过游览路线上依次布列的景物。

“濠濮间”水榭是整座园林前后两半段之间顿挫和转折的关键，所以对它在位置、体量、形制、彩绘等等一系列方面的艺术处理都十分经意而突出。经过这样的停顿和转折之后，遂以水榭南面的爬山廊为标志，开启与北面水景区相互对比的山景区—— 在山景区中，其嶙峋叠布的山石土丘、逼仄的庭院空间、高下错落的爬山廊、森然环列的古木等一系列园林景观和园林空间，其风格都与前面水景区明丽舒展形成了鲜明的对比。而通过这样两大组景观和空间的组合配置，中国古典园林中一切基本的景观要素（诸如山景、水景、建筑、花木、园林小品、各种建筑物装饰等级上的差序和呼应关系等等）及其韵律变化（例如曲径、曲桥、爬山廊、山石土丘、各种乔木灌木所刻画出的园林中空间形态的丰富曲线，景物色调质感变化上的层出不穷等等），都被一步步地展现出来，给人以应接不暇的丰富艺术感观：

我们从“濠濮间”这个例子中可以看出：对诸多具体景观（例如这里的池水、水榭、牌坊、爬山廊、大片的山石、林木等

3-37a　在“濠濮间”外围，以山石和曲径造就出山林气氛，形成了小园的序奏

3-37b　渐渐步入“濠濮间”景区时见到的景象

3-37c　跨过桥头的石牌坊，“濠濮间”主景才豁然全部呈现

3-37d　走完曲桥而在水轩中回身观看，刚刚欣赏过的园景又呈现着另一种韵味

以上四图所展示的，是“濠濮间”前半部分主要的景观内容及其空间序列。从中可见：越是在范围有限的园林中，就越是需要造园家全面把握每一具体的园林景观要素，并且以缜密精准又富于艺术变化韵律的组合关系，将这众多的景观要素“结构”成为完整的园林景观序列和园林空间序列。

3-38a　水榭南端的爬山廊引导游人离开“濠濮间”的水景区而进入山景区

3-38b　经过爬山廊转折之后，山景区的景观风格和空间特点同时呈现出来

3-38c　在爬山廊中部的停顿处，“崇椒斋”前山石纵横、古木参天

3-38d　最后，山景区以后半部爬山廊的绵延下行、余韵不绝而结束

以上四图则是“濠濮间”后半部分（即山景区）的主要景观内容及其空间结构。与图 37a 至 37d 四图所示水景区相比，可以清楚地看出园林空间序列的这一前一后两大段落之间，以及每一段落中的许多转折之间，是以怎样一种富于对比与变化韵律的精致结构艺术贯穿而成。

等）的塑造，固然是造园艺术中的重要内容，但是更为重要的，还是如何将这园林中的每一处景物都最为精确恰当地组织和结构在园林的景观序列和空间序列之中，并且以这种结构艺术的精当不苟和匠心独运，充分表现出园林景观序列和园林空间序列在艺术韵律上的和谐流动。也正是因为这种隐含在园林各种景观后面的结构艺术，有着比直接塑造单体景观更为重要的作用，所以它成为中国古典园林艺术方法的骨架，而中国的造园艺术，也往往因此而被直接称为“构园”。

最后还需要说明的是：中国古典园林中的“可游”，不仅仅是一种纯粹外在的、物质化的空间设置和空间结构，相反它在更深的层面上，表现为一种外在的园林空间结构与人们内在审美心理中空间结构的相互统一。而对于这种园林审美心理上的“可游”，尤其是在这一游览过程中审美情感、审美心理空间感等等是如何得到了深化，中国艺术中有许多精彩的描述，比如唐代诗人张泌的著名诗句：“别梦依依到谢家，小廊回合曲栏斜。多情只有春庭月，犹为离人照落花。”从这类描写中我们不难看到：审美者对于园林中曲折不尽景观空间的徘徊品赏，是与他们对于园林空间所承载的更深情感内容和更丰富文化内容的沉潜涵咏融合在一起的；而这种有形的空间序列与无形的心绪起伏之间的充分融合、两者融合而结晶升华出的那种高度艺术化和人性化的韵

3-39 明代版画中的《西厢记》场景（传为陈洪绶绘稿）

本图在直观层面所展示出来的，当然是“西厢”园中的亭台房榭、曲桥回廊等等的“可游”之处；但是更深一层意味，还在于以园居者的特定心绪为依托，而对园林之中远近、曲折、萦绕、阻隔、畅达等等空间动态关系的精微体悟，即如《西厢记》第二本第一折中所表达的：“落红成阵，风飘万点正愁人。池塘梦晓，栏槛辞春；蝶粉轻沾飞絮雪，燕泥香惹落花尘；系春心、情短柳丝长，隔花阴、人远天涯近！”

律感，也正是形成中国古典园林深致意蕴的重要原因。

而在更高的哲学意义上，中国古典园林的“可游”还表现为园林空间和园林景观对于天地运行之和谐韵律的表现，表现为园居者心绪情怀的流动与天地运迈之韵律间的感通契合。中国古典园林中许多具体的景观设置，其实都反映着这种理念，比如前面提到的颐和园长廊中，以“留佳”“寄澜”“秋水”“清遥”四亭在悠长的园林空间和园林景观序列之中分出段落与节奏。下面几幅图例中的情况也是如此：

所以如果意欲深入一些地理解这些手法和寓意，还需要对于中国古典园林与中国古典哲学之间的关系有所知晓（详见本书第五部分第四节）。

3-40 苏州怡园以“四时潇洒亭”标志园景序列的开始

小亭背后的折廊将曲径通幽的意境展现给游人；同时，“四时潇洒”的题额更告知人们：园林内不仅深藏了天地四时的运迈，而且也蕴涵了园居者心性情怀在与天地运迈相互感应契合过程中的流逸不居。

3-41a　苏州怡园中欣赏夏景之处——“螺髻亭”

3-41b　苏州怡园中欣赏冬景之处——“南雪亭”(左页)

怡园以“小沧浪亭”“螺髻亭”“松籁阁”“南雪亭”四座亭阁，代表四季运迈的过程、四亭又分别设于各自季节观赏相应景观的最佳位置，例如“小沧浪亭”为春日在山间观玉兰之处，“螺髻亭”为夏日临池观赏荷花之处，“南雪亭”为冬日观梅花之处等等。这种做法虽然略显斧凿之迹，但还是可以让今人由此了解中国古典园林关于时空理念的特点。

3-42　苏州留园“佳晴、喜雨、快雪之亭”

一座小亭之中而能贯通四时之周行、含蕴天地之菁华，这当然与中国哲学对于宇宙和时空的理解方式有着极大关系。

四

能供水石三秋兴 不负江湖万里心

在前面几章中，我们简要地介绍了中国古典园林艺术的景观要素、介绍了园林景观和园林空间的结构特点，以及造园家如何通过诸多“构景”手法而建造出景观体系完整的园林作品。

不过，逐一塑造出姿态万千的各种园林景观以及用丰富巧妙的结构方法将诸多具体的景观组织成为统一的园景体系，所有这些都还是艺术家对有限和比较外在的艺术世界的塑造；而对于中国古典美学和园林艺术来说，仅仅造就出这样的艺术世界仍然远远不能满足人们对于无限审美境界的追求，所以在园林艺术和园林审美中，还有比造就出具有高度美感的具体景观甚至造就出完备的景观体系更高的一个艺术层次，这就是：通过园林所造就的有限和具体的艺术空间和景观，从而使人们的审美进入更为广大的境界；使人们的心性，自由和谐地融入宇宙的无限空间及其周行运迈的永恒过程。由于这样一种深刻审美目的之要求，于是就有了“写意”方法在中国古典园林中的广泛运用。

中国古典园林常常被人们认为是“写意园林”，一些园林史学家还把中国园林这个特点与京剧、写意画等主观表现色彩很强的艺术联系在一起。所以，如果要更深入一些地体会中国古典园林独特的艺术趣味，也就需要大致了解究竟什么是“写意”以及这种手法在中国的造园艺术中究竟是如何广泛运用的。

埋盆作小池，便有江湖适

——“写意”在中国古典艺术中的涵义

“写意”原来是指中国古代绘画史中，一种从宋代开始运用后来日益广泛的绘画技法。中国古代绘画曾长期沿用“勾线填彩”的方法，即先用毛笔勾勒出的墨线画出物体的外轮廓，然后再于其中涂上颜色，这种技法被称之为“工笔”。而“写意”则是相对于“工笔”而言，即略去用墨线勾勒物象外轮廓然后再填色的过程，而直接用毛笔一笔“写”出物象的整个形体面来。从宋代开始，一些著名的文人画家，如苏轼、文同等人就常用这种略去毛笔勾勒墨线轮廓的方法作画。

不过，从这时开始的写意画，其定义又不仅是局限在笔墨技法与传统画法的区别上。这是因为：苏轼、文同、米芾等人是以当时最有代表性的文学家、书画家、艺术理论家甚至是哲学家的身份而从事绘画的，他们的艺术作品包含了深厚的思想内涵。所以“写意”这种方法的运用，其目的有别于主要追求形貌逼真的工匠画，而在于更充分地表现出士大夫阶层特有的精神境界—— 也就是那种超世不羁的人格追求以及他们对于宇宙哲学的理解。而因为“写意”这种技法，实际上是在绘画艺术与士大夫精神世界的表现之间打通了一条更为直捷的通路，所以它在宋元以后迅速发展起来，其艺术主旨也日益明确。比如元代绘画理论著作就是这样评论苏轼的绘画创作：“留心墨戏，作墨竹，师文与可（即文同）—— 枯木奇石，时出新意，木枝干虬屈无端，石皴老硬。大抵写意，不求形似。”又比如元代人评价宋代著名书画家米芾、米友仁父子的作品在艺术史上的意义在于：“前代山水（画），至两米而其法大变，盖意过于形，苏子瞻（即苏轼）所谓‘得其理’者。”可见，后来人们对于“写意”这一命题的定义更多着眼于：绘画作品的寓意内涵是如何

4–1 宋·文同《墨竹图》

文同既是宋代一位著名的学者、文学家和园林家，同时也是中国文人写意画史上的代表人物；他传世的绘画作品更以园林中的竹子为主要的题材。文同自己屡屡描写自己在园林中的种竹、画竹，比如《墨君堂》一诗："嗜竹种复画，浑如王掾居。高堂倚空岩，素壁交扶疏。山影覆秋静，月色澄夜虚。萧爽只自适，谁能爱吾庐。"文同这里所谓"浑如王掾居"，是指自己效法东晋名士王徽之而在宅园中种上竹子。王徽之的爱竹是文化史上有名的典故，他曾经指着园中的竹子说自己："不可一日无此君。"中国传统文人文化体系中，这种文学、绘画、山水审美与造园等诸多艺术的同源分流、彼此影响，是我们欣赏和理解这些艺术时应该留意的地方。

超越了该作品所描绘的具体物象，尤其是当绘画作品所表现的是知识分子阶层人格精神及他们对于宇宙的认知方式时，这些绘画内容就更因为其含义的深远，因而只有用写意的方法才能充分地表现出来。

中国古典园林艺术对于“写意”方法的运用，也就是在这样的背景下形成的。作为一种造型艺术，中国古典园林在表现比较丰富深致的精神内涵时，也必然如同绘画一样受到艺术手段、空间条件的限制，比如园林的山水空间十分有限，建筑形制常常只能比较简陋等等；这类限制当然很可能束缚了园林艺术的表现力及其境界的升华。在这种情况下，中国古典园林（尤其是文人园林，也包括深受文人园林影响的皇家园林和寺院园林）既然在长期的发展中，越来越多地含蕴了中国独特的文化精神、人格理想、美学意趣乃至哲学对宇宙的理解，那么它又是通过什么方法克服了这些局限和束缚，并创造出一种具有深厚韵致的园林意境的呢？

我们说，这主要就是通过“写意”方式而完成的。说得更具体一些，园林构景艺术中的“写意”，实际上就是在园林中恰当地布置那些体量很有限、占用物质材料很少，然而却又具有象征、暗喻和能够触发人们想象作用的景观，以它们作为媒介而使欣赏者突破眼前景观的时空限制，引领审美意向升华到一个层次更高、文化和艺术内涵更为深厚广大的境界之中。由于中国古典美学受到魏晋以后“言意之辨”等哲学命题的深刻影响，所以在文学、绘画、园林等领域的艺术方法，十分重视创造一种“言有尽而意无穷”“含不尽之意如在目前”的艺术境界。于是通过具体有限的园林景物而进一步创造和进入一个更为广大深湛的审美天地，就成为园林艺术自觉的追求，而“写意”的艺术方法就是在这样的趋势下充分发达起来的。

中国古典园林中运用“写意”方法而大大地拓展园林意境的例子很多，比如苏州网师园以黄石叠小假山而题名为“云岗”；苏州留园池心岛面积极小，但仍然命名为“小蓬莱”，以表现对于一种世外天地的向往；扬州个园以湖石、黄石、宣石等叠造风格不同的四座假山以表现四季不同的园林景观风格，这些都带有鲜明的“写意”性。明代末年造园理论家计成的造园学著作《园冶》中说：以几片山石或数枝藤萝，即可以在园林中表现出山林一般的意境（原文为：“或有嘉树，稍点玲珑石块；不然，墙中嵌理壁岩，或顶植卉木垂萝，似有深境也”），这更是典型的园林写意手法。而类似的构建（比如以一小池甚至盆景来表现“瀛海”的境界）在中国古典园林中还有很多。比如宋代文学家曾巩的诗作《盆池》，就描写一件小小的盆景也可以将自己的心境引入无限的天地之中：“苍壁巧藏天影入，翠奁微带藓痕侵。能供水石三秋兴，不负江湖万里心。”再比如明代著名文学家和画家文徵明写自家小园之中的景致是：“埋盆作小池，便有江湖适。”可见通过“写意”方法的运用，人们可以在十分有限的园林空间和景物之中寄寓“江湖万里”那样广远的心志。

下面我们从一些具体实例中来了解中国古典园林艺术中的“写意”方法是如何运用的：

4-2a　上海南翔古猗园“小松岗”

-2b 苏州网师园“云岗”及东侧小石桥

体量有限的叠石小山题名“小松岗”“云岗”等等，以表现园居者对于山林生活的向往。

4-3 颐和园“寻云亭”

在狭仄的院落中，仅用小亭上的“寻云”二字题额，就充分表达了造园者突破庭院中空间局限、沟通天人物我的意趣。

-4 苏州狮子林中的“听涛亭”

小亭临近瀑布而建，游人坐在亭中可以领略到盈耳的水声——以一些体量很有限的景观作为媒介，进而突破具体的时空限制，将审美者的心绪引向十分广远的境界，这是中国古典园林艺术中运用“写意”手法的常见方式。其中，作为媒介的园林要素千变万化（可以是能够使人联想起经典意象的一处小景、楹联题额，也可以如这座“听涛亭”这样对于理想时空境界和情态的提示），但是艺术意象的精当、凝练和形有尽而意无穷，不论何时都十分必要。

4-5 苏州网师园“云窟”

仅用洞门题额的一个云波式造型，就将造园家对于“云窟”这种高迈境界的向往追求提示出来 —— 可见当艺术的目的为一般技术手段难以实现时，写意的方法往往可以事半功倍。

-6　颐和园“谐趣园”中的峡涧

峡涧两岸石壁峭立，林木苍翠；峡涧尽头半露半掩的建筑依稀显出了那里的另一番天地，于是让人联想起万里著名诗篇《桂源岭》中描写的意境：“万山不许一溪奔，拦得溪声日夜喧；到得前头山脚尽，堂堂溪水出村。”可惜笔者拍摄此景时，峡涧中因天旱久已无水。

4-7　江南园林中的“旱船”

水体本身不仅是园林中最活泼灵动的景观要素，而且它使得建筑等其他景观也得以增添了许多艺术上的
化——此例中江南园林中常见的“旱船”，就是一种沉静之中又具有几分动感的表意性建筑。

4-8a　绍兴青藤书屋以“天汉分源”题额表明园居者的胸襟

4-8b　绍兴青藤书屋中的“自在岩”

青藤书屋是明代著名文人书画家徐渭的小园，徐渭以性格狂放不羁、书画艺术上笔墨恣肆著称，与这些追求一致的是，他在宅园建构上也竭力表现出自己的傲岸胸襟。由青藤书屋的例子可见，在具体的造园手段受到各种限制的条件下，造园者仍然可以通过“写意”的方法标举自己园林美学和人格理想上的宗旨。

4-9a　苏州鹤园正堂左侧门题额为“岩扉”（右侧门题额为“松径”）

4-9b　苏州鹤园的游廊尽头显出题额为“鹤巢”的洞门

居身城市间狭蹙的小园中，文人们并没有因为具体空间条件的束缚而舍弃对于林野丘壑生活的崇尚，于是就常用此类示意性的手法，表达自己对于自然山水境界的向往，并以此寄寓一种超世高标的人格理想。

4-10 苏州“听枫园”园门

在文人园林中，某些植物景观往往因为寄寓了园居者的人格和美学追求而成为园林主题的标志，所以在中国历史上，“听枫园”“植梅轩”“悟竹草堂”“抚松书屋”等等表现园居者高远志趣的园林构建不计其数。

4-11 苏州耦园“山水间”水榭中外望

园居者用“山水间”的主题表现自己居身城市而寄情世外的意趣。同时，这种追求也就对园林的造景艺术提出了很高的要求。从此图中可见：水榭对面的假山、洞壑、水池、曲桥、树木的景观的位置尺度等等都非率意布置而是经过了仔细的权衡，因此虽然在咫尺之地也成就出几分苍岩深壑的气象。

-12　北京颐和园圆朗斋“无尽意轩”

“言不尽意”是中国古典哲学在魏晋玄学以后的重要命题，其要义在于揭示世界的本真形态有着比人类语言
彡态更为丰富的内涵；这个哲学命题对中国文学艺术产生了很大影响，由此而使人们更自觉地追求那种超越有
艮形貌而具有更丰富内容的艺术境界。以此图为例，此轩原名“无尽意轩”，乾隆皇帝曾反复吟咏轩名的立意：
峰色四时绘，松声二柱弦；意存无尽处，了不系言诠”；“轩纳湖山景，其意本无尽；四序以时殊，万状更日
I”；“触目会心无尽藏，化机岂止在鱼鸢”——可见通过写意的方法就不难通过小园中有限空间和景物，进一
步沟通企及天地万状与四时之序等等“无尽”的境界。

4-13 苏州留园“揖峰轩”一角

“写意”手法的普遍运用，还与中国文化对于人在天地万物中位置的定义有很大关系，这种定义崇尚人们心性与宇宙万物之间的相互理解、亲和与交融（即如宋代哲学家张载所说“通万物而谓之道，体万物而谓之性”）由此宇宙观所决定，中国古典艺术常常赋予山水花木等等审美对象以平等的生命地位和人格意义，并且把审美者与审美对象之间的这种人格和精神气质上的感应交流，作为园林艺术所要表现的重要内容之一。人们熟知的例子，比如宋代著名书画家米芾在安徽濡须为官时，听说当地有一块怪石，于是连忙命人将石头移到治所，并设拜石于庭中，还说：“我盼望拜见石兄已经二十年了。”从此，以品貌特异的山石体现一种崇高生命状态和人格精神就成为中国造园中的一个经典方法，后世文人园林中也常常建有“拜石轩”“石丈亭”等等建置来表明对这种审美方式的追慕。而此图所示“揖峰轩”也是通过对小院中山石花木之人格意义的尊崇，来抒发园居者在园林审美之中更深的意境追求。

-14a 苏州拙政园“与谁同坐轩”外景

4-14b　苏州拙政园“与谁同坐轩”内景

小轩中的楹联为：“江山如有待，花柳更无私”，表现出园居者心怀与山水花木等自然景物之间相互亲和相互期待的心灵交流与默契。这种赋予景物以充分生命意态和文化品格的审美方式，与中国哲学的有机自然观有很大关系，并且在文学艺术史上早有著名范例，比如李白所说：“举杯邀明月，对影成三人。”而在造园艺术中这类写意手法所调用的物质手段虽然非常有限，但是创造出的文化含量却相当丰富，其艺术境界尤其深可玩味。

4–15　苏州拙政园“卷石山房”

山房洞门的楹联为：“花如解笑还多事，石不能言最可人。”通过赋予花、石等以生动的人格意态和不俗的文化情调，于是使园林中一些十分寻常的景观构建也具有了大大突破其物质时空条件限制的审美张力。

对于如何理解上述艺术境界，为什么“写意”能够帮助人们感知世界的“本质”之类问题，竺可桢先生曾有这样的指点：“我国古代相传有两句诗说道：‘花如解语应多事，石不能言最可人。’但从现在看来，石头和花卉虽没有声音的语言，却有它们自己的一套结构组织来表达它们的本质。……明末的学者黄宗羲说：‘诗人萃天地之清气，以月、露、风、云、花、鸟为其性情，其景与意不可分也。月、露、风、云、花、鸟之在天地间，俄顷灭没，而诗人能结之不散。’换言之，月、露、风、云、花、鸟乃是大自然的一种语言，从这种语言可以了解到大自然的本质。”（《唐宋大诗人诗中的物候》）

四　能供水石三秋兴　不负江湖万里心

4-16 苏州曲园中的“回峰阁”(左页)

曲园为清末著名学者俞樾宅园，此园的面积很小且构景内容亦颇为疏简。其中，园主用写意的方式将这座小巧的半亭名为“回峰阁”，以标明自己无意仕进、潜心学术的志向；曲园正厅“春在堂”中，俞樾撰写的一长联曰：“仰不愧于天，俯不怍于人，浩浩荡荡，数半生三十多年事，放怀一笑，吾其归欤；生无补于时，死无关乎数，辛辛苦苦，著二百五十余卷书，流播四方，是亦足矣。”其文意详细说明了园主的精神归宿——可见园林中各种写意手法除了其直接的造景目的之外，更着重于对人生理想、宇宙观念等形而上境界的揭橥和表述。

4-17 苏州怡园中的“松籁阁”

此景可与下页图相参照 —— 画舫之上的楼阁中为谛听松声的佳处，阁以“松籁”为名，可见园林中山水建筑除了其有限的具象性艺术内容之外，它们所要表现的更重要内容，还是那种园居者与宇宙时空、天地运迈相互理解、相互亲和的意趣。

4–18　宋 · 马麟：《静听松风图轴》（与上页图 4–17 相互参看）

这幅宋代绘画名作所描写的，是观赏者从风振松涛等“天籁”中领略自然无限生机时的意境。而这种审美意境和审美方式在园林艺术史上一直有着重要的地位，比如南朝时著名的士人陶弘景，就是“特爱松风，每闻其响，欣然为乐，有时独游泉石，望见者以为神仙”。再比如宋代朱弁将自己的小园林起名为“风月堂”，他解释这一命名的用意是：“小园之西，有堂三楹，……其地无松竹，且去山甚远，而三径闲寂，庭宇虚敞，凡过我门而满我座者，唯风与月耳。故斯堂也，以‘风月’得名。”可见审美者志趣心境突破眼前有限的时空局限、而与“风月”等体现着天地生机流动之景物的交融，此种境界往往有着“松竹”不能替代的意义，这就是乾隆题马麟此画所说：“生面别开处，清机忽满胸。”

小山丛桂晚萧萧，几时容我夜吹箫

——园林“写意”手法与中国古典文化艺术中经典意象的作用

以上初步说明了中国古典园林中“写意”方法的特点及其艺术上的渊源。在这个基础上则可以进一步来了解：造园者为什么可以通过“写意”这种看似十分简单的方式，创造出一种文化意蕴相当深致的艺术境界？

我们说，为了在园林的具体有限空间和物质形态的种种限制之下创造出更为深远的艺术意境，使有限的园景之中涵纳更为丰富的文化内容，造园家往往借助和引用中国古典文化艺术中的一些经典意象。由于这些经典意象是以高度浓缩的方式，表述着中国文化（包括哲学、文学、伦理、政治等等方面）中经过世代传承的一些最有代表性的理念和命题，所以对于这些意象的引用也就使得园林的文化含量大大增加，有时甚至有画龙点睛的作用。大家知道，中国文化的历史悠久、传承有序，在民族心理中积淀了深厚的“信而好古”的定势，这使得后世人们的文化创造、对于文化艺术发展方式的想象和评价尺度的确立等等，都有意无意地依赖着前世传承而来的经典，比如人们认为儒家经典最广泛地凝聚包含了天地之间的基本秩序和崇高准则：

"象天地，效鬼神，参物序，制人纪；洞性灵之奥区，极文章之骨髓。"(《文心雕龙·宗经》)其实除了儒家经典之外，被后人尊崇的文化结晶还有很多。而这样一大批丰厚的文化遗产，尤其是其中的核心理念和命题，就成为了历代造园艺术和园林文化可以很方便地运用的创作手段。对于造园艺术来说尤其重要的是：这些经典意象的高度凝练，占用有形的空间和物质资源很少，但因为它们是在一系列肯綮关键之处揭示着中国文化的核心理念、并且与中国文化众多的分支领域和长久积淀血脉相连，所以其内在质量也就丰富厚重，而后人引用借助这样一些经典意象所创造的艺术作品在文化和艺术上的张力也就非同寻常。

下面举一个例子，从中可以看到在园林艺术中借助经典意象有着怎样的作用。我们知道，"水流云在"是承德避暑山庄三十六景之一。在清代乾隆年间编定的《热河志》卷二十九中，这样描述"水流云在"景区的景致：

> 水流云在湖北岸最西，亭曰"水流云在"。圣祖(王毅注：即清康熙帝)御题三十六景以兹为殿。其地渐近长堤，湖水澄虚，空明上下，水连天而澄碧，云映日以浮光，曰流、曰在；水有本而云无心，即一亭之取义，动静交呈，渊深妙旨，悠然与造化同符矣。

那么为什么康熙要特意以“水流云在”作为避暑山庄三十六景之一呢？康熙自己对此的叙述是：

> 云无心以出岫，水不舍而长流，造物者之无尽藏也。杜甫诗云：“水流心不竞，云在意俱迟。”斯言深有体验。

我们知道，杜甫“水流心不竞，云在意俱迟”一联写景之句出自他的《江亭》一诗，此诗句因为生动地表现出了天光水色的自然无间，面对如此美景审美者心境与天地云水的浑融交汇等等内容，而这些内容又最为中国美学所推崇，所以从宋代以后就成为了中国山水审美和园林审美中的一个经典性主题，屡屡被那以后的文学家和造园家所尊崇和袭用。以避暑山庄为例，从上面引文中可知，这里“水流云在”的景观设计不仅要造就出“湖水澄虚”“水连天而澄碧”等等优美的山水景观，而且更要求如杜甫诗中所抒发的那样，表现出观赏者心性与自然景物之间的充分融会和流通，并且使审美者通过对“动静交呈”等各种园林景物的观赏和领悟过程，进而理解天地万物之中蕴涵的“渊深妙旨”，由此而使人们的心性进入无限的宇宙时空和运迈过程，即康熙所说的“悠然与造化同符”那种审美境界之中。

4-19a　承德避暑山庄“水流云在”景区

4-19b　承德避暑山庄“水流云在”亭

如果我们仅仅从避暑山庄这一景区中的具体景观建构着眼，而不知道“水流云在”所表达的关于天地自然的哲学观念、审美理想，杜甫诗句在艺术史上的高度成就等等内容，那么就难以从眼前这十分有限的景观中得到更多的观感。然而，如果我们了解了这样一个经典意象得以形成的艺术和美学上的来龙去脉，知道了自宋以后历代人们对于这一意象越来越自觉的重视和越来越广泛的运用，那么以眼前的这些景观为媒介，就能够进而感知和体会到相当丰富的内容。

4-20　北京颐和园中的“意迟云在”亭

在传世的清代园林中，我们仍然可以看到不少以“水流心不竞，云在意俱迟”诗意为主旨的景观构建。这说明，杜甫描写出的那种天人凑泊、物我两忘、审美者与天地万物高度和谐的境界，是造园艺术追求的最高目标；反过来说，为了实现园林境界的升华，人们也就需要在构建和欣赏园林艺术的过程中，用“写意”的方法揭示出超越具体景观形迹束缚的审美意趣。

由此可见，在中国古典造园的创作和欣赏过程中，对于经典意象的运用和理解是一种重要的艺术手段，它使得艺术家和欣赏者可以在具体有形的园林空间和园林景观基础上，方便纯熟地进入更高更深的艺术境界；反过来说，这种使得中国古典园林的艺术和文化内涵大大富集化的方法被越来越广泛地运用于园林艺术中，也就进一步强化了园林的“写意”风格。所以当我们游览和分析中国古典园林时，就能够在一些貌似十分简单的景物和造景手法背后看到其丰厚的内涵和寓意；而这种比较深入的理解，也是真正“读懂”园林艺术的前提之一。下面我们举出一些具体的例子：

4-21　苏州网师园一门景以“真意”题额表现着很深的寓意

造园家对于这处粉墙上腰门位置和大小的权衡十分精当，所以恰好透视出邻院中由曲桥、水池、古柏、回廊等丰富景物组成的景观序列；而粉墙的舒展雅洁又很好地衬托和突出了背后纵向布列的景观内容，所有这些都是园林构景艺术精致手法的范例。但是造园者对于园林意境的创造并没有在此止步，而是通过写意手法使之得到进一步升华：此景中的“真意”题额典出陶渊明的名句，陶诗原文是：“结庐在人境，而无车马喧。问君何能尔？心远地自偏。采菊东篱下，悠然见南山。山气日夕佳，飞鸟相与还。此中有真意，欲辨已忘言。”可见网师园此景的宗旨不仅是在有限的空间内构建出精致和谐的具体山水景观，而且更要以此为起点，创造和进入陶渊明诗形容的那种在自然山水中放怀适性、胸襟洒落的意境；而在这个过程中，对陶诗名句等经典意象的运用起到了重要的作用。

4-22　北京颐和园“湖山真意”亭中望西山

“湖山真意”四字以最简洁的方式赋予这处景观以深致的韵味。

4-23　浙江海盐绮园中的石桥题为“观濠”

“观濠”“濠濮”等景点的主旨，都取意于《庄子》“濠梁观鱼”而领略到万物天机自在的故事。因为庄子描写的天机洒落的境界为历代士人所追慕，所以“观濠”“濠濮”就成为了文人园林写意造景时袭用的一个经典主题；反过来说，因为引用这类经典性的文化和艺术宗旨，所以形态和空间都受到很大限制的园林景观就可以表现出比较深致的内涵。

4-24a　承德避暑山庄“沧浪屿”中的水池、水榭与回廊等建筑

本书第一部分中提到，“沧浪”乃是中国文人用以表现崇高人格理想和隐逸情趣的一个经典主题，在历代文人园林中都有普遍的运用。而在避暑山庄这样的皇家园林中袭用“沧浪”主题虽然显得造作，但是造园家仍然尽量用高下起伏的假山、宛转幽曲的建筑布置等景观手段造就出一种模拟的隐逸环境。所以乾隆皇帝描写这里的景致是：“山泉汇为湖沼，澄泓见底，孤屿临流，悠然得沧浪趣”；又写诗称：“几曲怪石森，一泓止水；有风亦涟沦，无月不照暎。墙围鹿弗顾，天空鸥下盟；锦鳞长寸余，作队相游泳。坐玩几席上，物物各适性。”总之，造园者和游园者共同用一种超越具体时空局限的审美方式，达到了“适性”的理想境地。

4-24b　承德避暑山庄“沧浪屿”中的假山颇有洞壑纵横之势

4-25　苏州耦园中的假山命名为“遂谷”

“遂谷”是“遂初之谷”的简称，出典于东晋名士孙绰的《遂初赋》，赋中说：“余少慕老庄之道，仰其风流久矣。……乃经始东山，建五亩之宅，带长阜、倚茂林。”于是后人就常常袭用这个著名典故而表现自己在园林构建和园居生活中的精神追求，比如宋代著名学者尤袤宅园中建“遂初堂”，金代大文学家赵秉文的园林名为“遂初园”，北京紫禁城中乾隆花园中也建有“遂初堂”（乾隆皇帝以此显示自己退居太上皇之后对老庄之道的仰慕）。这些都是后人以文化史中具有经典意义的典故意象作为园林主旨的例子。

4-26 上海嘉定秋霞圃中的“枕流漱石轩”

三国时候，隐士秦宓被人们称赞为：“枕石漱流，偃息于任意之途，恬然于浩然之域”，从此人们也就经常用这个典故来形容心性高远的那些文人雅士。因为在文人园林中，隐逸久已是表现园林主人品格志向的主题，所以“枕流漱石”这类十分精练的题额就可以表现出丰富的寓意。

4-27 苏州网师园中“小山丛桂轩”内景，此轩为园中琴室

《楚辞》以后，人们常用“小山丛桂”的典故来表现士人隐逸生活的精神内涵。又因为元代宋褧的著名词作《浣溪沙·昆山州城西小寺》中有这样的描写：“落日吴江驻画桡，招提佳处暂逍遥，海风吹面酒全消。曲沼芙蓉秋的的，小山丛桂晚萧萧，几时容我夜吹箫。”所以“小山丛桂”又成为园居生活之中音乐文化的一个经典意象。

4-28 杭州西湖西泠印社中的“小盘谷”

“盘谷”本是太行山南麓的一处山谷，它的出名，是因为唐代大文学家韩愈在《送李愿归盘谷序》中，记述了友人李愿的归隐志向，以及他在盘谷中隐逸生活的情态：“坐茂树以终日，濯清泉以自洁。采于山，美可茹；钓于水，鲜可食。”从此以后，“盘谷”就因为是士人隐逸生活和高洁人格的经典象征，所以经常被造园者承袭借用。

4-29 苏州怡园中“松籁阁”前的曲涧和回廊（右页）

“松籁阁”前曲涧幽深、林翳蔽日，正与唐代司空图《二十四诗品》中“碧涧之曲，古松之阴”名句的意境相侔，所以园林主人以此诗句点破构建这处景观的用心。

从上面列举的许多例子中，应该不难看到“写意”方法在中国古典园林中的广泛运用、这种方法的特点及其所创造的艺术趣味与境界，以及在此创作过程中造园家对于中国文化许多经典意象的纯熟运用。这样一些方法的运用对于中国古典园林形成自己独有特色的艺术魅力，无疑有着十分积极的作用。不过正如世上的事情都有两重性一样，由于中国传统文化在其发展后期创造力日益减弱，所以具体到造园艺术领域，人们也是比较多地放弃了对于山水、建筑等诸多具体景物结构的认真权衡安排，转而抄袭模拟一些前人惯用的经典意象和程式化的园林语言，于是使得园林艺术出现了僵化雷同的弊病，比如贾宝玉在陪侍贾政第一次游览大观园时所批评的：“（造园中）非其地而强为其地，非其山而强为其山，即百般精巧，终不相宜。”尤其在清代晚期的园林作品中，这种情况更为常见（图 30）。所以能够看到这种末流的种种乖谬之处，也是我们提高园林欣赏水平所需要的。

4-30　浙江海盐绮园中的假山

晚清时期，造园艺术水平大大衰落。但是人们往往还是模拟前代遗留下来的园林格局、沿袭以小土丘象征昆仑、以盆池勺水象征江海意境的“写意”方法，于是使园林艺术在陈陈相因中渐渐失去生气。以建于同治十年（1871）的绮园为例，此园中的假山虽然体量可观，但是叠石几同累砖，略无真实山势的脉络气度可言。以此类作品与清代中期以前的假山作品相比，不仅可见园林史后来的发展趋向，而且尤其可叹艺术气韵随时代而迁化，殊非人力所能左右。

五

清风明月本无价 近水远山皆有情

通过上面几章的介绍，读者应该能够对中国古典园林的艺术特点和艺术方法有一个大致的知晓。而当读者了解了这些内容之后，也许要进一步追问：在上述内容的基础之上，园林中是否还有许多更为丰厚的内容值得留心品赏呢？

我们说，中国古典园林之中值得品赏之处当然还有很多很多，这是因为园林是一种综合性很强的艺术门类，它的构建需要荟萃为数众多的有形物质文化成果以及依靠文字和口头传承的非物质文化成果，这就很自然地在园林与所有这些文化艺术门类之间建立起相互借鉴、相互融通的密切关系。而与其他艺术相比，园林又是一种空间很大因而容量丰富的艺术门类，这个特点使得园林对文化艺术众多领域中成就的借鉴涵纳、融通展示，有着其他艺术远远不能企及的便利。

下面就分别从几个有代表性的方面，来看看园林与其他文化艺术领域之间的密切关系。因为篇幅的限制，对于如此众多关联的说明只能是提示性的，但是这类提示已经足以说明园林与相邻文化艺术门类之间的渗透和影响，是如何大大地丰富了中国古典园林的艺术内涵和文化内涵。

中国古典园林与中国古典文学

——园林之中无处不在的文华绮秀之美

在与诸多文化艺术领域的关联之中，古典园林与古典文学之间的相互渗透、相互影响可能最为人们所熟悉，比如中国历代许多大诗人都曾以描写园林的诗篇而名著史册，其中如陶渊明、谢灵运、王维、范成大等代表性作家更开创了“山水田园诗派”这中国文学史中重要的流派；再比如《红楼梦》这部著作既标志中国古典文学成就的高峰，同时小说中的无数场景和众多人物的命运，又与大观园的园林艺术有着水乳交融的关系。那么，如果要概括地说明古典园林与古典文学间的关联，则哪些方面是不可忽略的呢？下面让我们择要来看：

其一，“文”在中国文化中地位的崇高性，决定了文华绮秀之美乃是文学、园林等众多艺术的共同标准。

在中国文化中，“文”不仅指文学在艺术上的特点，而且还有一层更具根本性的意义。孔子总结自己崇拜的制度文化，认为其基本特点就是“郁郁乎文哉”，所以“文”除了标志语言文学的成就之外，更是文化制度形态进入很高发展水平时必须具备的一种属性。所以中国文学理论史上的经典著作《文心雕龙》开篇的第一句话就是：“文之为德也大矣，与天地并生者何哉。”这也是说“文”乃宇宙间一切美好和崇高事物的共同标志。

由于“文”是一种具有本体意义的文化标志，所以在这个共同源头的推动影响之下，包括文学、园林等在内的各类艺术都竭力使自己更具文华之美，同时借鉴吸收一切相邻艺术领域中的相关成就，这就是必然的。而这样一种趋势所成就出的园林中的文华之美，也就远比对著名文学作品的直接借用更广泛得多，它包括：以具有文学性的语汇来提示和装点园林景观，在园林环境中营造出文雅的氛围，各种园林景观和空间在具有文思之美理念的设计下，成就出超越其拙朴形态的绮华隽雅，等等。所以，中国传统园林所以能够成为一种具有经典性（在西文中，“古典”与“经典”是同一个词）而不只是具有一般观赏意义的艺术，重要原因之一就是它达到了一种“文思光被”的高度成就（见图5-1）。

5-1a、1b　北京颐和园长廊中的两处题额

“文思光被”的意思是：园中的景物都是在一种具有“文思”之美的设计理念统领下构建而成；“草木贲华”的意思是：草木等园林景观具有一种绮丽文华之美。

5-2 江南文人园林中一处门额题为“神韵”

“神韵”原本是中国古典文学理论中的一个范畴，用来形容诗歌具有那种流溢于字句之外的隽永之美。由于园林与文学在创作理念上对于“文思光被”的共同追求，所以“神韵”也成为园林艺术中一种很高的境界标准。

其二，文学创作过程成为中国古典园林所涵纳的重要文化内容之一。

由于在中国传统的制度设计中，社会政治文化的诸多方面（比如科举选拔制度、知识阶层的身份标志、统治阶级上层的社会生活和社会交往、社会政治信息的形成发布等等）都与文学创作有着千丝万缕的联系，所以文学成为一种社会功能十分广泛而重要的文化活动。在这种背景之下，文学成为了文化阶层生活方式和生活环境中的一项重要内容，所以也就很自然地与园林环境有了千丝万缕的联系。下面几幅图就是例子：

5-3　五代・周文矩:《文苑图》

这幅中国绘画史上的名作生动地表现了文士雅集于园林之中进行文学创作研讨的场面。画面上有宋徽宗题"韩滉文苑图"等字及押字，但据今人考证，此图为五代绘画风格，应当是周文矩《琉璃堂人物图》留存的后半段。总之，此图原作必定更充分地表现了绘画、文学与园林艺术之间的密切关联。

5-4《文会图》(右页)

这幅作品传为宋徽宗赵佶所作。从画面可见：皇家园林中精丽的环境和豪奢的陈设、最高统治者为了笼络士大夫为己所用而特意的优渥，都使得这里的文人雅集、赋诗著文具有了一种宫苑气的排场。

題文會圖
儒林華國古今同
吟詠飛毫醒醉中
多士作新知入彀
畫圖猶喜見文雄
臣京謹依
韻和進
明時不與有唐同
八表人歸大道中
可笑當年十八士
經綸誰是出群雄

5-5　上海秋霞圃中的“洗句亭”与“觅句廊”

文人园林中的许多景观景点的设置及其命名寓意，都与文人的文学创作活动有直接的关系。

5-6　苏州耦园中刻有“城曲筑诗城”等题额楹联

这座园林被主人视为自己坐拥的“诗城”，如此定义充分反映了文学创作和文学意境在园林艺术中的重要地位。

五　清风明月本无价　近水远山皆有情

5-7 明·唐寅:《落鸿孤鹜图》(左页)

此图及题画诗所表现的，是园居者如何企羡、追慕唐代王勃《滕王阁序》通篇珍词绣句所描写的那种阔大绮丽的意境。这说明历代文学名篇对于山水风景之美的描写，尤其是对于自然景观与人文景观相互映衬的表现，已经成为后来古典园林艺术着力表现的重要内容。从绘画史来看，明代画家模拟南宋画风之作甚多，但如此图这样在空间构图和笔法功力上均臻上乘的作品却不常见。

其三，文学家对于文学境界的悉心揣摩和艺术表现，经常是与他们的园林审美密切结合在一起的。于是，通过文学与园林艺术相互渗透、相互映衬，使人们对于山水和园林景观的审美形成了更为丰富深致的意境。

由于中国古典园林不仅是作为简单的观赏对象，而且更是作为中国传统社会中文化阶层生活和从事各种文化艺术活动的基本环境，所以园林充分地融入了古典文学创作的过程之中，甚至成为文学创作的不可或缺的环境氛围。历代文学家对此种关联都有十分真切的表白，比如唐代诗人钱起描写文学家步入园林，使他们在欣赏到各种景致的同时获得了诗歌创作上的灵感（“诗思”）：“胜景不易遇，入门神顿清。房房占山色，处处分泉声。诗思竹间得，道心松下生。”而宋代诗人晁补之说得更直接：“诗须山水与逢迎。”

因为得到许多经典文学作品高度艺术化的表述阐发，所以古典园林的美学宗旨也就被更充分地彰显出来。至于园林中因为对于文学经典意象和诗句的引用，使得园景的意境得到了精当的提示，乃至进一步的结晶和升华，这更是园林与文学相互借助的显而易见的例子。

5-8 苏州沧浪亭园中小亭的楹联：“清风明月本无价，近水远山皆有情。”

宋代苏舜钦曾根据自己官场失意之后在苏州建造沧浪亭的过程主旨以及寄身此园中的生活内容，撰写了中国散文史上著名的《沧浪亭记》；从此沧浪亭也因为此文学名篇而名著史志。同时，此园中山水建筑等一切景观的立意，也都具有高度的文学性，比如园中小亭的楹联为：“清风明月本无价，近水远山皆有情。”此联上句直接袭用宋代文豪欧阳修诗中原句；下句则化用南宋以文章气节见重于世的王质之诗句：“清风蓑笠明月棹，为我洗濯尘埃裾。功名暂寄痴儿手，烟云且与闲人娱。浴凫飞鹭总相识，近水远山俱可庐。”苏舜钦还在《独步沧浪亭》中描写自己在园中的幽独之趣：“花枝敧斜草生迷，不可骑往步是宜；时时携酒只独到，醉倒惟有春风知。”可见在审美过程中，人们常常将自己的主观情感和人格理想寄托于自然和园林景观之中，所以诸如“清风明月”“近水远山”“花草春风”等等都具有了生命的意义，并且随时处于与园居者相契相知、心境相通的地位；而文学总是对审美者与园林景物之间这种密切的关联，有着最为深切细致的体味和表达。

5-9　苏州拙政园“悟竹幽居”前的景色

中唐诗人羊士谔描写自己在家乡山东宅园的诗作《永宁小园即事》中说：“萧条梧竹下，秋物映园庐。……阴苔生白石，时菊覆清渠。”此诗不仅写出文人园林的清雅之美，而且表达了作者从园林景物中参悟哲理的心性所向，所以成为后人构园的榜样，并直接引用此诗中“悟竹”一词以表明对其意境的心仪和效法。

5-10　苏州拙政园“留听阁”前的景色

唐代大诗人李商隐《宿骆氏亭》云：“竹坞无尘水槛清，相思迢递隔重城；秋阴不散霜飞晚，留得枯荷听雨声。”这首诗真切写出了园居者通过园景而倾听天籁之时心绪的精微活动，所以曾打动了《红楼梦》中聪颖过人、多愁善感的林黛玉。后人袭用此诗而命名园中的景点，也就使眼前的景物具有了更丰富的美学内涵。

5-11　苏州怡园“藕香榭”中室内的楹联匾额

园林中随各处景观的特点而题写的楹联、匾额、园记诗篇等等，也是赋予园林艺术以文华之美的重要方式，这种情况我们在《红楼梦》第十七回“大观园试才题对额”的详细描写中可以看得很清楚；同时，对于园林意境的这些点染藻饰与书法艺术的完美结合，也有效地增加了园林中的艺术含量。

5-12　苏州拙政园“柳荫路曲廊”（右页）

“柳荫路曲”语出唐代诗歌理论家司空图《二十四诗品》中对于“纤秾”这一诗歌境界的描述。原文为：“采采流水，蓬蓬远春。窈窕深谷，时见美人。碧桃满树，风日水滨。柳荫路曲，流莺比邻。”类似的例子在这部著名的诗歌理论著作中还有许多，比如对“典雅”境界的描写：“玉壶买春，赏雨茆屋。坐中佳士，左右修竹。白云初晴，幽鸟相逐。眠琴绿阴，上有飞瀑。落花无言，人淡如菊……”；再比如对“绮丽”境界的描写：“雾余水畔，红杏在林；月明华屋，画桥碧阴。”显而易见，中国文学理论这种十分艺术化的表述方式（借助各种优美的园景意象而结晶出一系列文学理论命题），是来自园林艺术对文学的深刻影响。而“柳荫路曲”等等成为经典性的文学理论命题，这又反过来积极促使后世造园家竭力揣摩和表现这种意境的美感所在，所以拙政园就直接袭用这一命题而建构出具体的园景。

那么除了上面所述这些比较容易看到的内容之外，古典园林与古典文学的相互影响还有没有能够更为深入涉及艺术本质的地方呢？我们说，在古典园林与古典文学之间的确还有这样值得留意的关联之处。比如古典文学往往因为对于人们深致曲折的心理空间特点以及这种心理空间结构对人们思绪发展的影响有着非常精微的揣摩和刻画，所以成就出无数感人的名篇名句。李商隐在他著名的《无题》诗中写的“重帏深下莫愁堂，卧后清宵细细长”“小苑华池烂漫通，后门前槛思无穷”，李后主

《乌夜啼》所说“寂寞梧桐深院锁清秋”，《山花子》“手卷珠帘上玉钩，依前春恨锁重楼”，晏几道《武陵春》所说“烟柳长堤知几曲，一曲一魂消”等等，都是很典型的例子。

所以我们应该看到：诗人是用极为细微的笔触捕捉、描述着人们心绪的悠长起伏、千回百转；而同时，心理世界无限曲折之中饱含的这种不尽情韵，乃是与园林室内外空间的设置（上面提到的高楼、园池、深院、柳堤的曲折等等）水乳交融地结合在一起的。而对于园林空间与人们心理空间这种相互契合、渗透、感通等等融会关系的艺术表现，正是中国古典诗词极具魅力之处。再举一则这方面的例子：五代词人冯延巳描写园林意境的名作中，有“庭院深深深几许，杨柳堆烟，帘幕无重数”（《鹊踏枝》十二）这样的句子，而在一些版本中此句又作“庭院深深知几许”——这里的一个“知”字，就非常细致真切地表现着园林空间的深化和塑造，是如何与审美者心理空间的建构和活动相互契合、相互感通的（参见图5-13、图5-14）。

总之，通过古典文学极为细致的体察和表现，园林艺术中那些曲折复杂的空间结构、景物变化的韵律感等等，都与审美者心理空间的结构方式、心绪的流动方式等等结合在一起，从而共同在一个充分艺术化的环境中展现出来，成就出中国古典艺术那种特有的精妙和韵致之美。

5-13　宋·无名氏：《玉楼春思图》[1]

此图在构图、设色、对于园林中建筑物内外空间的表现、画面意境、小楷书法之工丽、题词的文献价值等一切方面均臻于上乘，应是南宋画院高手所作。就“文学如何表现建筑园林空间与人们思维情感活动的关联”这个角度而言，此图所示也颇值得重视，因为其画境以及题词所描写的内容，正是由外在的山水空间、园林空间的各种复杂变化和设置，一步一步深入人们内在心曲空间的审美过程：“莺迁上林，鱼游春水，几曲栏干遍倚，又是一番新桃李。……凤箫声噎沉孤雁，目断澄波无双鲤；云山万重，寸心千里！”

1　史籍记载，北宋政和年间，某要员在越州的一通古碑上抄得此词，不知何人所作，遂奉献给徽宗皇帝赵佶。赵佶命大晟府（即宫廷音乐机构）配乐表演，并根据词中的语句而定词牌名为《鱼游春水》。在传世典籍中，此词的字句与《玉楼春思图》所录有不少差异。

五　清风明月本无价　近水远山皆有情

5-14 南宋·马远：《楼台夜月图》

（绢本，纵 24.4cm，横 24.5cm）

此图为马远有关园林题材小幅画作之中的上上品，其精丽之极远非后来画院中的模仿者可及。

在中国园林图像史（笔者认为这是园林学应该蘖分而出的一门子学科）中，马远许多大幅作品占有重要地位，比如《华灯侍宴图》《西园雅集图》等，后者描写北宋元祐元年，苏轼兄弟、黄庭坚、李公麟、米芾、蔡肇等十六位名士雅集于驸马王诜（他也是很有成就的书画家）园林中的场面，为长卷巨制，画幅纵 29.3 厘米，横 306.3 厘米，对于园林中的山势、溪涧、曲桥、屋宇、家具、各种花木以及文人雅士们在这样的环境中从事艺术创作鉴赏的场景，进行了真切生动的描绘。但若论及对于园林中诗情画意的表现，则现在举出的这件尺幅很小的《楼台夜月图》，其含义更为凝练隽永，构图更为巧妙精准、笔墨更为细密不苟，所以是以小寓大、以简胜繁的最高典范。

具体到绘画究竟如何展现园林空间与人们审美心理空间的关系，此图也是一则经典示例：表面上，画面中一派阒然、略无人迹，然而人们在园景中融入的“心理向度”却被清楚地表现出来。尤其值得注意的是：画面描绘出这种内蕴深致的审美意向，是如何通过一组园林景物和园林空间设置而表现出来的：居画面左下一隅的楼台以远山、月夜等等遥为对景，具有一种迥出尘外的意境；而亭台回廊侧近的花木错落有致，在似水的清寂之中，透露出与宇宙运迈之间深相亲和呼应的无限生机。

那么为什么在这样极其有限的尺幅之内，艺术家就可以寄寓如此丰富的内涵呢？这个问题详细解释起来有非常多值得叙述的学术内容，但最简约地说来则是因为：以中唐为起始，中国古典文化的发展已经越来越远离了秦汉时代那种构建宏大外延结构的努力方向，转而向着开拓和深化其内部空间的方向发展。所以人们心理空间中的曲折宛转、心理空间与外在空间（比如本书集中介绍的园林空间，以及更为广泛的文化空间和制度空间等）的交互关系，就越来越成为了文化艺术的关注焦点。这种根本的趋势影响于文学，也就出现了上文所说这一时代的文学特点，即“诗人是用极为细微的笔触捕捉、描述着人们心绪的悠长起伏、千回百转；而同时，心理世界无限曲折之中饱含的这种不尽情韵，乃是与园林室内外空间的设置水乳交融地结合在一起”；而其影响于哲学、绘画和园林审美等等同时代诸多与文学相邻的文化艺术门类，则一样结晶出了许多经典的作品，比如大哲学家品味吟咏园林夜景的名句：“水心云影闲相照，林下泉声静自来”（程颢：《游月陂》，这是程颢对邵雍之作的唱和）；再比如这里举出的马远《楼台夜月图》等以园林景色为表现内容的绘画作品。

中国古典园林与中国古典书画艺术

——造型艺术之间的辉映与融通

中国古典园林与中国古典书画这两大艺术门类之间的相互影响，是十分显见的，比如因为园林中景色的明丽动人，所以它往往成为画家们传移摹写的对象（图 5-15）；人们也把步入园林而领略其间的景色，视为去欣赏优美的画卷（图 5-16）。再者，绘画艺术也把园林景色中最为动人之处彰显出来，所以唐代文学家司空图吟咏园林景色时就说："荷塘烟罩小斋虚，景物皆宜入画图。"明代许筠吟咏园林景致的诗篇中也说："重帘隐映日西斜，小院回廊曲曲遮；疑是赵昌新画就，竹间双鹤坐秋花。"这里所以说园林中的景色仿佛就是宋代大画家赵昌刚刚画好的一幅画卷，乃是因为赵昌不仅是一代杰出的花鸟画家，而且他从事绘画创作的过程也完全是以园林景色为原本（他专门在每天清早露水未干的时候，绕着园中的栏杆观摩花草的形态质感，及时调色摹绘下来，所以他自号"写生赵昌"）。

就是造园家和画家自己，也常常以绘画之美比喻园林，或者把山水园林景色比喻为活的绘画。比如宋代大画家文同就形容从自己园林观看远处山峰，则有如观画之妙："若画工引淡墨作峦岭，嶷嶷时与烟云相蔽亏"；而后来人也称园林"终是活丹

5-15　画家们在北京颐和园一处景点前临摹作画

5-16　苏州狮子林由前厅到后园的入口

园林入口处的题额曰“读画”，以说明园林景致表现出的乃是如绘画般动人的意境。

5-17　杭州西湖畔西泠印社中的吴昌硕纪念馆

吴昌硕为近代有影响的海派画家、书法家、篆刻家，而西泠印社既因为吴昌硕等艺术家在此地的雅集结社而成为中国近代绘画艺术史上的名胜之地，同时它也是杭州西湖风景区内重要文人园林之一。绘画与园林的这种融会方式，十分典型地表现了中国古典园林作为文化艺术综合载体的性质和品位。

5-18 北京颐和园“福荫轩”

这座建筑特意建造成“手卷式”，即中国古典绘画图轴舒展开来的形态，从而使建筑本身就像一幅别致的小画。

青”。园林与绘画相结合而共同成就出艺术史上的经典作品，其例子也很多，比如王维根据自己辋川园林中诸多景区的景色而绘制成《辋川图》、李公麟根据自己的龙眠山庄而绘制的《龙眠山庄图》等等。这些事例都说明园林与绘画之间相互影响的源远流长。很有说服力的例子又比如明代造园家、著名的园林理论著作《园冶》一书的作者计成原本就是一位有成就的山水画家，他自序《园冶》成书原因时回顾了自己以绘画起始的艺术创作过程："少以绘名，性好搜奇，最喜关仝、荆浩笔意，每宗之。"可见他的艺术观念，还是以绘画为底蕴的。

如果再稍微细致一些地了解一下中国绘画史的发展，我们还可以发现这个进程中一个又一个关键之处，都留下了绘画与园林相互影响、相互渗透的深刻印记：不论是不同时期众多分支的绘画艺术，都不约而同以园林景色和园林生活作为它们的重要表现内容，还是绘画艺术在技法风格上的不断发展，其实都与园林艺术有着密不可分的联系。

绘画对于园林的描绘早在秦汉画像石上就可以经常看到，而随着绘画艺术对于笔墨技巧、景物空间关系和人物造型的把握在两晋南北朝以后的提高，以及文化背景对于山水文化的促进，中国的山水画在晋唐之际步入迅速发展和成熟时期。而这些作品很多就是以园林（或者以具有园林风貌的郊野环境）作为主要内容的，著名的作品比如晋代顾恺之的《洛神图》、隋代展子虔的《游春图》、唐代王维的《辋川图》等等。五代以后，中国的山水画逐渐达到了它发展的高峰期，涌现了荆浩、关仝、董源、巨然等一批山水画名家，他们的传世之作多为大幅全景式山水景色，并在其间精心安置飞瀑、溪流、山村、园舍、木桥、磴道、水际的渡口舟船等景物，以“人居环境充分融入广袤的自然山水”这种方式而表现出传统中国哲学特有的自然观。而北宋初年以后，经李成、范宽等山水画巨匠的努力，全景式山水画达到了艺术史上辉煌的高峰，其标志之一，就是他们的绘画总是精当生动地描绘了宫苑、寺观等大型园林位于苍岩深壑等宏伟山水图景之中那种峭拔浑然的格调，由此提示出了园林艺术置身自然而又萃集天地之菁华于山水之间的审美理念（见图 5-19），并且对于中国以后的山水画以及山水审美产生了巨大的影响。

由于宋代宫廷文化和绘画的高度发达及其与当时园林艺术的充分融会，所以相关题材的绘画精品层出不穷，并且在人物和园林景物形象（例如山石、栏杆、花石基座、花木、果蔬、飞鸟鱼虫等）绘制的生动逼真、精细工丽等等方面，都达到了中国工笔绘画的最高水平（图 5-20）。

而更值得提及的，还是经马远、夏珪等人开创的南宋山水画派之努力，绘画艺术具有了在“咫尺天地”中对山水和园林

5–19　北宋 · 李成：《晴峦萧寺图轴》，111.4cm × 56cm

此图相传是北宋李成的作品。李成、范宽不仅最终确立了山水画的独立地位和崇高品格，而且更以绘画史上空前雄浑伟岸的画面构图，以及园林、建筑、人物等等完全置身于苍莽山水之间那种亲和融通的状态，表达了一种理想的“天人”境界。此图中，山脚的溪流、多处水榭和殿阁等园林景观，以远处的奇峰峻岭以及其间寺院的千门万户为背景，所以其空间上的延伸感具有一种雄伟的气势。

-20　宋·苏汉臣《秋庭婴戏图》

这是宫廷画家描绘园林局部景致和园中人物的一幅著名绘画作品。我们可以看到，不论是此幅绘画所如实描绘的园林景物（如山石、花木、草虫、家具等），还是画家运用的色彩、笔触，对山石花木、人物服饰质感的表现等等绘画艺术的手法，都是处处力求精美。所以，绘画的观赏性与园林的观赏性在这里是完全统一的。

空间及其景物的极高表现力和概括力。这些绘画作品不仅大量地以园林作为主要的表现内容，而且通过对园林空间一边半角的描绘，就能够成功地表现出园林和山水弘远的空间结构，以及园居者放怀天地、怡情山水的旷然寄托，所以真切地表现出中国园林对于宇宙时空的理解方式，以及通过园林而深刻地寄寓人格理想的审美方式。加上这些作品普遍展现着作者深厚的笔墨功力，充满想象力而又十分精准的空间结构技巧，对于建筑人物山石等景物凝练概括的造型能力等等，所以在艺术上都臻于后世难以企及的高妙水准，可以成为我们明了中国古典园林的“构景”艺术，尤其是理解中国古典园林意境之所在的很好示例。

明清以后，中国传统绘画的发展进入了其衰变期，这时以山水园林景物和园林生活为题材的绘画作品依然为数众多，如明代中期的“吴门画派”颇受吴地园林艺术高度发达的影响，其代表作家常常以园林作为自己绘画和题画诗的题材，如沈周的《有竹居图》、文徵明的《真赏斋图》《拙政园诗画册》等等。不过这类作品已经越来越失去了五代两宋山水画家那种奇伟的构图能力、对于园林内外空间深远精当的把握能力，转而更多地模拟前代绘画的构图，以及致力于对笔墨皴法变化等方面的探究。明清文人画中，写意性的作品影响越来越大，其笔墨技法上的突破也非常显著。这些作品常常直接以园林中的景物作为描

5–21　南宋 · 无名氏：《 雪峰寒艇图轴 》180.6cm × 150.3cm

李唐、萧照、马远、夏珪等南宋画坛巨匠，一方面继承了李成等人的胸襟气魄，另一方面，对画面空间构图的控御能力更为强健自如，对于景物细节的表现更为真切精准。以这幅与夏珪画风相近的山水巨制为例：画面左下角露出庄园的一座草亭，其体量虽然很小，但画家对其形象意态的表现却相当细致。同时，雪峰的苍莽浑远之势将整幅画面的气韵升华到一个雄奇宏阔的境界，使人马上想起唐代大诗人王维“隔牖风惊竹，开门雪满山”等描写园林的名句；雪峰之下，烟水悠悠，岸上几株老树在恣肆奔放的身形之中显出无限的苍劲——能够将园林置于这样的空间环境和格调氛围之中加以提纲挈领的表现，乃是中国山水画发展到最高水平时才具备的能力。

5-22　宋·马远:《松下闲吟图》(与下图参看)

此图表现的是文人园林中的山景区，构图疏密有致、景物简约洗练；尤其是天际一鹤的翩然而至，遂使山园中意趣之生动充盈，远出于画面空间的羁束之外。

5-23 宋·夏珪:《观瀑图》

此图充分表现了园林中水景区的景观特点，所以可与上图相映成趣，而且画面中近景（水岸、水亭、松树、山石等）与中景（飞瀑等）、远景（远处山岭）之间，逐层推进、相互映衬而气韵不断；图中不论巨细疏密的所有景物，其尺度位置都精当准确、一丝不乱，从诸如此类的地方，我们可以很直观地领略到中国古典园林空间结构艺术的真谛所在。

5-24 （传）南宋一元 · 丁野夫：《听泉图》，私人收藏

这幅绘画模仿马远的《高士观瀑图》（藏纽约大都会博物馆），在方寸画幅中形成了洗练、奇伟的构图，溪涧、飞泉、远山、近石、古松、栏杆等众多景物之间层次宛然，并且在相互的空间结构上具有此呼彼应的充盈力度感；山石皴法较马远原作略显粗犷；主要人物的形象特意取背影，而几笔之下形神俱足。如果认真一些观察，则可以看到：在这幅描绘园林境界的作品中，作者的立意主要并不是表现许多具体园林景观如何营构安排，所以这些园景在画面中只占了很小的一角；相反，画面突出表现的，是审美者通过非常有限的园林景物和园林空间，却能成功地建立自己心性与天地自然之间，尤其是与山水万物的和谐律动之间，那种相互倾听、相互感知乃至心灵之间相互亲和融通的关系。而因为水流的潺湲之声与松涛等天籁一样体现着宇宙之间无穷而和谐的律动，所以通过体悟“听泉”之趣也可以进而领略到无限的天地境界（参见图 4-4、图 5-53）——总之，此图不仅是中国绘画史高峰时期的佳作，同时也是中国古典园林意境和园林空间结构方式的很好示例。

5-25　元・孙君泽:《楼阁山水图》(双幅),日本静嘉堂文库美术馆藏

此两图的可观之处，不仅在于其构图气象不凡、笔墨皴法的韵味直追马远、夏珪，而且尤其可以从中看出园林空间结构艺术与绘画景物布局之间的相互影响：比如两图各自表现的主景，一居于山巅，一居于山谷间的溪流之畔，两者的一高一低，相互补充呼应，形成完整的园林空间序列。在景观的内容上，左图以观赏山景为主，境界高远阔大；右图则以表现在山麓之处群溪交汇处临流听泉之趣。建筑风格上，也是一实（山巅斋堂）一虚（山麓临水小亭）、一复杂（左图绘出高下相连的一组建筑）一简单（水亭单置于溪畔）而相映成趣等等。所有这些对丰富艺术内容及其结构关系的精审设计组合，都说明此时园林的空间结构艺术的高度发达同时给予绘画等等相邻艺术领域以重要的影响。

五　清风明月本无价　近水远山皆有情

5-26　元・李容瑾:《汉苑图》(左页)

界画(以界尺为线描辅助工具的绘画)是中国古典绘画中的一个重要品类,界画所描绘的基本内容就是皇家宫苑、楼台亭阁等大型建筑群,以及以这些景观为背景的皇家宫苑生活。这幅《汉苑图》是界画中的上品,其构图宏伟,建筑尺度比例在画面上的“折算”精当准确(这与宋代以后建筑理论中“模数”概念的成熟及广泛运用有直接关系),画中所表现的宫苑建筑群在崇山峻岭间的延绵遍布,尚能依稀传达出秦汉宫苑“体天象地”“包蕴山海”的气概格局。

5-27　明・徐渭:《竹石图》

花木竹石之类园林景物,历来是中国文人画的重要题材。至徐渭等人的作品中,艺术目的越来越远离了对这些景物单纯的传移摹写,而寄寓了更多的“写意”性,即如此画上徐渭的题诗中说:“雨竿梢上无多叶,何自风波满太空。”所以士人充盈于“太空”的精神追求,才是这时文人画和文人园林共同的方向。

绘内容，同时通过花木竹石的特异形象和提示画意的诗文而表现出作者独立不羁的精神追求。图 5-27 是很好的例子。

在中国古典园林与绘画艺术关系史中特别值得提到的是：明代中后期木版画在对园林景物和境界的表现方面，达到了非常高的艺术水准。由于此时空前发达的刻书业需要以版画的形式宣传书籍的内容，以及小说戏剧等涉及园林生活场景的故事作品大量流行，所以有关园林风貌、园林生活内容的版画作品不胜繁多。中国版画技法虽然早从 8 世纪的中唐时期就开始有显著的进步，但是直到明代万历至崇祯时，才达到了最高峰，并涌现了如徽派汪氏、黄氏等为代表的一大批刻版名匠。他们对于园林的雕画都扬弃了早期版画的拙朴风格，而趋于异常的工丽，画面中各种园林景物异彩纷呈、极为丰富，园景细节表现逼真生动；尤其是对于“园林空间组织结构”的表现上，这一时期版画成就空前之高，往往能够在一两幅插图这样十分有限的空间内，娴熟流畅地刻画出园林空间的曲折高下、山水建筑的位置错落、不同景区之间的通隔与过渡等等十分复杂的关系、园林内部空间与园外自然山水空间之间的映通等等；而这种对于园林空间结构的高超把握能力，只有南宋院派的绘画精品能出其右。

如果我们对中国美术史做更多一些的探究则可以发现，中国雕塑艺术的致力方向，从以前长期倾注于宗教陵寝造像等宏大主题的领域，转入注重小型作品中空间结构以及其间婉转多姿的生活情趣，这个转变之中含蕴的值得玩味之处当然很多。在前面几章的图例中，我们已经引用了若干有关园林题材的明代版画作品，现在再选出两张比较有代表性的：

5-28 《彩笔情辞》中的插图

《彩笔情辞》为明代戏曲选集，十二卷，张栩辑，歙县黄君倩刻，天启四年（1624）刊本。从这幅插图中可见：版画家对于园林中各种景物（如山石树木等）的形态质感表现非常细致，同时对于园林复杂景观空间形态的布局和变化驾驭娴熟，所以能够将各种人物和故事情节精当地布置穿插其中；而尤其对于园林空间那种富于韵律的流动感表现得十分精彩。

5-29 《吴骚合编》插图对园林建筑与山水景观之关系的表现

此为《吴骚合编》插图之一。该书刻于明崇祯十年（1637），内容是苏州流行的曲词汇编，而以附图佐文。全书 24 幅（48 页），每帧插图都极尽美奂，体现了中国版画艺术史上的最高水平。而对于我们尤其重要的是：插图内容全部为园林景物及园居者生活场景，绘刻山水花木、楼台亭阁、人物意态举止，无不纤毫毕现；尤以表现园林中各种复杂空间的结构关系，能够曲尽婉转精微之妙，所以此组版画也可以视为当时苏州园林的写真图册。

以上我们尽量简单地介绍了中国古典园林与中国古典绘画之间的相互深刻影响。而要充分理解园林与绘画之间的关联，还需要品味园林设计者（他们往往也是画家）通过构景艺术而呈现出的“画意”；也就是说，园林设计是否成功，很大程度上取决于造园家能否用山石花木这些分散而看似平淡无奇的元素，构建出如同绘画作品那样在造型、色彩、空间透视等等方面都具有艺术匠心的可观之处；而造园家也常常用欣赏绘画的眼光来品味和评价园林的景色，比如苏州网师园一处重要景点就名为“看松读画轩”。下面来看一些这样的实例，以便我们从中体会到什么是园林中的“画意”：

5-30　江南园林一组简单景物中的色彩配置

各种景物之间色彩配置的和谐与动人，这是园林画意的重要内容。中国传统美术中对于色彩的运用方式与西方美术中的色彩原则有相当的不同，它没有“色系”的概念，也不像油画那样使用复杂的色调来表现物象千差万别的质感；尤其是中国的文人美术，则更崇尚比较简洁生动的用色方法。所以在文人园林中，经常强调几个主色调之间的鲜明对比（例如图中粉墙、黛瓦、松枝之间的对比），同时用恰当的中间色（例如图中大片灰色调的山体和砖石）作为必要的过渡和整合色，而这样的用色方法更突出了文人园林的风骨雅洁、不落尘俗的美学风格。

5-31　构图的精致是园林景观呈现“画意”的重要原因

本图（录自郑翔主编：《名城苏州》）所示是苏州文人园林墙角的一件景观小品。虽然它在整座园林中的地位相当次要，所用物质材料十分平常有限、空间规模也局限在很小的尺度之内，但是造园者却在景物的色彩、造型等方面营造出多重的对比组合关系，其中包括：墙面雅洁的白色、墙檐瓦和太湖石的沉静灰色、竹木蕴涵生命意趣的绿色、标志春天到来的海棠花粉红色等；墙体横向的委婉舒展与太湖石纵向玲珑多姿的对比组合、它们各自在大小尺度上的比例、竹子与其他花木形态上的相互对比映衬，等等。各种景观要素之间这种和谐精审的结构关系，使得此类小品中也充盈着丰富的“画意”。

5-32 江南文人园林中的小景

建筑的木结构框架增加了园林景观在空间层次上的透视效果，从而更显示出绘画般的美感。

5-33 皇家园林中的一景

皇家宫苑中，建筑木结构上的富丽彩画与景框所突出的园林景观交相辉映，形成了富于装饰性的画面；其风格韵味也正好与上图所示文人园林中的画面相区别。

5-34　园景因为层次丰富和谐而具有了一种绘画美

各种景物之间在层次、色彩、形态、尺度等方面的相互协调烘托，是园林中“画意”的重要内容。从此图中可以看出，作为近景的曲桥、水池等景物取势低平，恰好与远处的屋宇、假山等形成了高下、远近、色调、尺度等方面和谐的对比组合关系，从而构成精致完整的画面。

5-35 丰富的光影效果大大增加了园景画面的美感

在池水、游鱼映衬下，粉墙黛瓦与花墙、木窗槅的组合，形成了色调和光影效果十分丰富灵动的画面，这很容易让人想起“云破月来花弄影”“横塘水静花窥影”“疏影横斜水清浅，暗香浮动月黄昏”等等文学名句对园林景色中光影效果的描写。正如中国绘画要求画面中的一枝半叶都要蕴涵生意，而不是如西方绘画那样把许多描绘的对象视为“静物”一样，这里的小园虽然阒无一人，但是其中呼之欲出的灵秀之气，却生动地体现着中国园林静中有动、景中有意的艺术精神。

以上我们概括地介绍了中国古典园林与古典绘画之间的关联和影响。因为中国古典艺术体系几千年来始终贯穿着书画一体的传统，所以园林与书法艺术之间也同样有着相当重要的联系，并由此而使得古典园林具有了更为丰富的艺术内涵。下面来看几个例子：

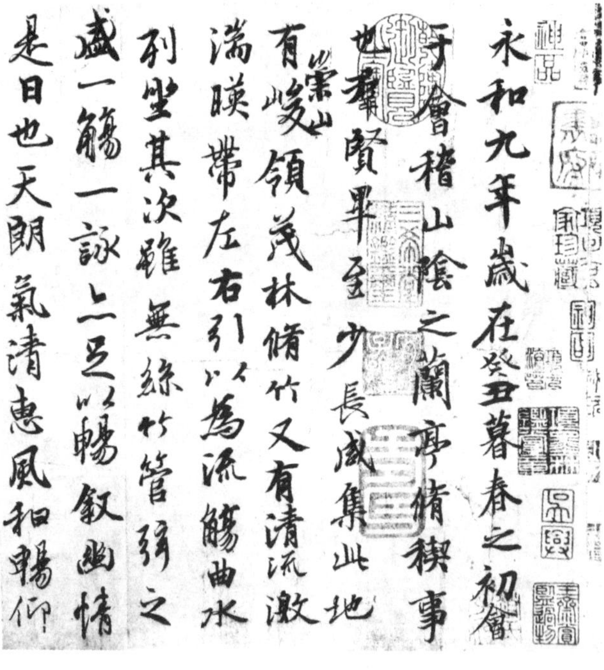

5-36 （传）唐 · 冯承素摹王羲之《兰亭序》

《兰亭序》是中国书法史上的第一圣品，内容即为描写文人雅士置身于山水园林时的环境和心迹，所以其书法艺术的高度成就，是与人们在山水园林审美中所寄寓的那种隽逸超拔的精神追求融会在一起的。

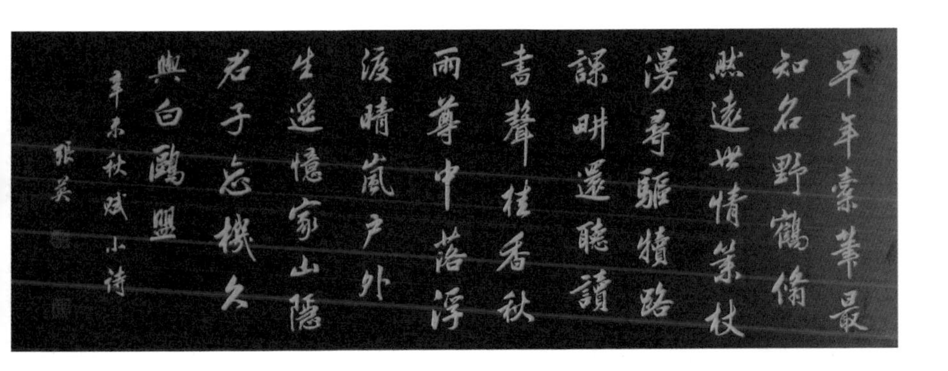

5-37　清代书法家张英吟咏和题写自己隐逸情怀的诗篇

张英是清代大学士、著名学者，他所谓“野鹤翛然远世情”“忘机久与白鸥盟”等等，都是后世士人用来表述自己隐逸之志时经常使用的意象和典故；同时，张英也是清代重要的书法家，所以他这些咏写心志的诗文及其书法作品也成为园林和园林居室中重要的装饰艺术。

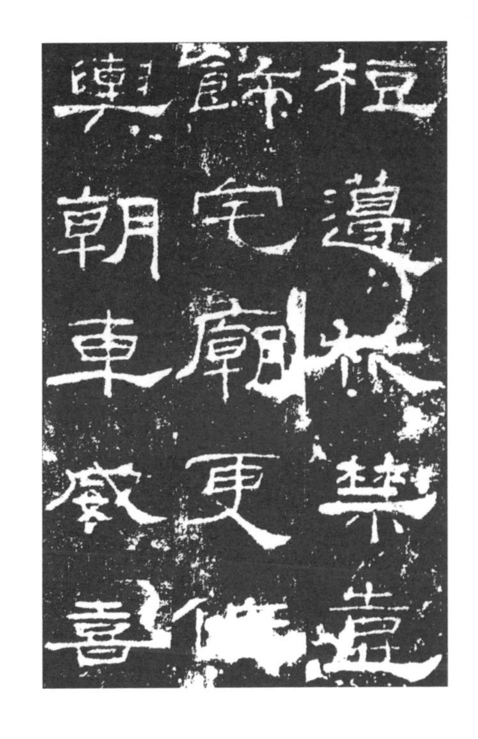

5-38　被誉为“汉碑第一”的《孔庙礼器碑》拓片局部（与下页图 39 参看）

相对于上面的几个例子，中国书法与园林艺术之间更为本质的契合之处其实在于：书法是以高度抽象的线形作为基本的艺术造型手段（即是说除了“线”之外，摈弃色彩、图像等其他一切形象），所以在看似简单的线形结构之中就蕴涵了平正与欹斜、舒徐与迅疾、内敛与彰显、敦重与扬厉、质拙与峭拔等等各种复杂的艺术变化之妙。而这种特点对于中国古典艺术的各个门类都有着至关重要的影响，以至我们在许多具象的造型艺术领域（例如园林空间结构，以及建筑、雕塑、家具等等）中，都随处可以看到类似书法的那种线形之美，体会出在高度抽象简单、逶迤迁绵的空间序列之中寄寓无限变化和充盈力度感的那种艺术趣味。

5-39　江南园林中一处建筑景观呈现出的曲线之美（与图 5-38 参看）

线形是中国古典书画最基本的表现手段，因为线形的灵活多姿、骨力贯达、对于形象的塑造力等等在中国传统绘画中占有基础的地位，所以南朝绘画理论家谢赫将“骨法用笔”列为绘画“六法”之一。而从本图所示这处初看似乎平常无奇的园林景观中可以发现：园中的建筑轮廓具有类似于书法和绘画线描的那种富于力度的起伏顿挫之美；同时，这种线形美又与建筑山水在质感和布局上的虚实对比等等更多的美感形式很好地结合在一起，从而形成了简洁形式之中内蕴丰富的园景画面。

5-40　园中水亭的楹联强调文人园林的书卷气

北京颐和园“谐趣园”中水亭的楹联为：“云移溪树侵书砚，风送岩泉润墨池。”意在说明园林中景观艺术的无穷变化对于书法意境的积极影响。

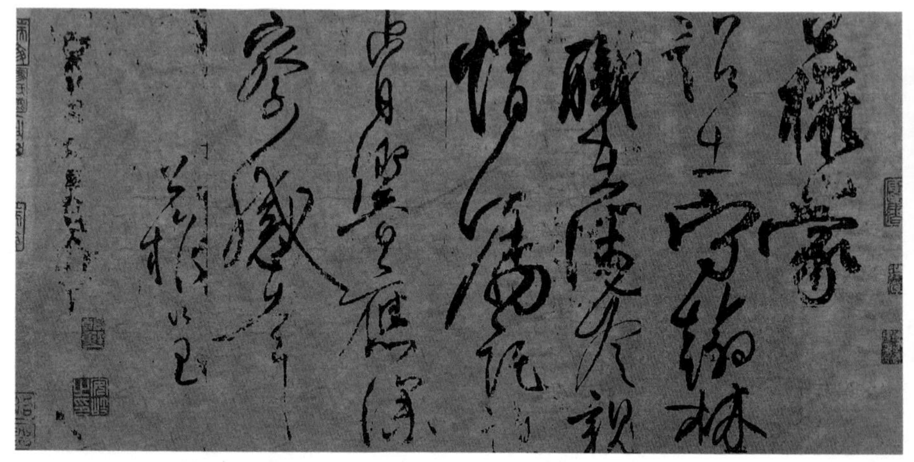

5-41　唐·柳公权《蒙诏帖》

在法书作品中，每个字呈现出的笔力气度和间架结构之美，总是与通篇的谋篇布局、气韵脉络的起止舒徐、字行结构上的错落开阖等等整体空间的结构艺术充分融合在一起的，柳公权此幅作品就是这种寓森严法度于任意挥洒之中的经典之作。而书法作品中的这种空间结构的艺术方法，其实与园林空间的结构艺术（园林的整体空间序列与这个序列中每一局部空间的艺术关系）是灵犀相通的。

5-42　北京紫禁城“三希堂”室内

清乾隆皇帝命名紫禁城养心殿内的这间居室为“三希堂”。因为室内收藏了三帧绝顶珍稀的法书作品（王羲之《快雪时晴帖》、王献之《中秋帖》、王恂《伯远帖》）。室内楹联“怀抱观古今，深心托豪（毫）素”是表述园居者希望通过对于书法史等的了解研讨，从而使自己的园居生活和审美心性通过浸润历史文化深厚积淀而贯达古今。乾隆十二年编纂内廷珍藏魏晋至明代的法书集《三希堂石渠宝笈法帖》，摹刻碑版四百九十余方，现陈列于北海“阅古楼”中，遂使此楼成为这座名园中一处重要的文化景观。

三希堂
深心託豪素
懷抱觀古今

赏心乐事谁家院

——园林作为文化艺术综合载体的广泛包容性

以上介绍了中国古典园林与文学、书画之间的相互影响、相互渗透。如果我们的视线能够更宽广一些，则不难发现古典园林与中国文化艺术的众多领域之间都有着千丝万缕的联系，而且正是因为这些广泛的联系，使得古典园林具有了深厚丰富的文化内涵，甚至成为了一个全面展示中国经典文化艺术的窗口。

古典园林与古典文化艺术之间的相互影响和关联，在中国各类工艺美术、建筑装饰、雕塑艺术、音乐、室内陈设、文房用具等等众多的方面都广泛存在。举人们不太容易想到的饮食为例，我们如果读了南宋张鎡《赏心乐事》，就可以知道当时权贵之家一年之中精美丰富的各种饮馔，完全是与他们在园林中各个季节具体的观景游赏内容融合在一起的，所以张鎡说自己置身园林之中，“花鸟泉石，领会无余。……殆觉风景与人为一，间引客携觞，或幅巾曳杖，啸歌往来”，仅五月份在园林中的生活内容就有：“清夏堂观鱼、听莺亭摘瓜、安闲堂解粽、重午节泛蒲家宴、烟波观碧芦、夏至日鹅脔、……水北书院采蘋、清夏堂赏杨梅、丛奎阁前赏榴花、艳香馆尝蜜林檎、摘星轩赏枇杷”。再以园林中的家居节俗为例，《红楼梦》第七十五回写中秋时贾母特意率家中儿孙到大观园中赏月，因为“那里正是赏月的地方，岂可倒不去的？”他们赏月之处是在园中山峰上的凸碧山庄，此建筑特为赏月而设，所以山庄内所有家具的形制都与赏月主题相契合：

> 贾母便说：“赏月在山上最好。”因命在那山上的大花厅上去，众人听说，就忙着在那里铺设。……从下逶迤不过百余步，到了主山峰脊上，便是一座敞厅。因在山之高脊，故名曰“凸碧山庄”。厅前平台上列下桌椅，又用一架大围屏隔做两间，凡桌椅形式皆是圆的，特取团圆之意。

可见大观园的园林设计，乃是非常仔细地依据了园居者一年四季丰富的家居文化和节俗文化内容。

下面略举工艺美术、文房用具、饮茶、音乐等许多方面的若干例子，简要地看一下这些领域与园林艺术之间，有着怎样的相互渗透和相互影响：

5-43　元·“杨茂造”山水人物八方雕漆盘

雕漆是中国传统雕塑艺术后期发展史中一类比较重要的形式。其优秀的作品颇能体现出在契刻线条的力度骨法之中，饱含曲折婀娜变化的那种刚柔相间、动静相济的美感。雕漆艺术在元代达到其成就的高峰（其作品又称“剔红”），而工匠杨茂、张成雕造的器皿为其中上品，其存世作品的装饰画题材，除了栀子花等富丽多姿的花卉之外，又以对于园林景观的刻画颇可品赏，从中尚能看到南宋绘画对于园林空间关系表现方法的遗意。

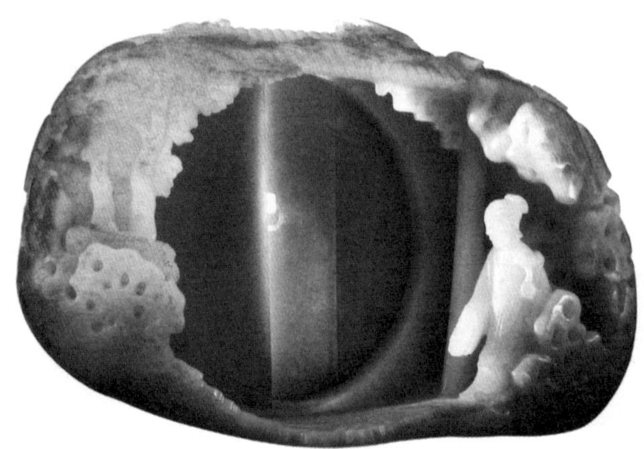

5-44　“桐荫仕女”玉饰（高 15.5cm，宽 25cm）

这是清代乾隆时期宫廷玉匠的一件作品，用一只玉碗的余料制成，这种设计和做法名曰“巧作”，目的在于最大限度地利用珍稀的材料。这件作品的有趣，不仅在于其刻画的内容为园林中的仕女形象，而且它在方寸隙地之内曲尽建筑空间的转折顿挫之妙，如此构思当然与此时“芥子纳须弥”（借用佛教的说法，以形容在极小的空间之内容纳整个宇宙）的园林设计原则有着直接的联系。

5-45 浙江诸暨县松啸湾笔锋书屋中的木建筑构件

“笔锋书屋”建于清代嘉庆年间，是当地著名的书院园林，书院内外景色秀丽。清《诸暨县志》记载：“（书屋）襟山带水，曲折幽邃。门前曲池红莲盈亩，夹路皆植红白杜鹃，月季玫瑰，桃杏梅柳，灿烂如锦。……林泉之胜，甲于一邑。”书院今已残破不堪，但是其屋宇的檐枨等建筑构件不仅依然保留着昔日镂雕之精美，而且松梅等图案更透出些许书卷气，因而与整个环境气氛相互和谐。

5-46 清代宅园中的砖雕常以园林景观作为图案内容

这是晚清宅园成组砖雕中的一帧。明清时期，历史悠久的中国传统雕塑艺术的发展进入晚期，其突出标志就是规模宏大的宗教、陵寝等石雕作品及其充盈劲健的张力早已成为隔日黄花，而雕塑家日益将致力的方向转入雕漆、雕版、木雕、砖雕、瓷塑等等小型、半柔性的材质，其表现题材也越来越集中在世俗性人物、伦理和吉祥故事、家庭生活的场景和情趣等等上面。在雕刻技法上，则浅浮雕、高浮雕、圆雕、透雕等诸般手段的综合运用十分繁复；画面景物和人物壅塞热闹，与受到文人画较大影响的明代中后期版画构图风格有很大区别。至清代中后期，一方面多幅的连套成组砖木雕更为流行；同时，其画面在空间布局、人物造型等关键之处日渐呆滞和程式化，刀法和线形的力度感消失殆尽。

5-47　北京北海镜心斋（原名“镜清斋”）中的“韵琴斋”

乾隆三十四年，乾隆皇帝对此斋的题咏表达了他对园林与音乐文化关系的理解——以园中山石和泉水比拟妙解音乐的钟子期、俞伯牙：“阶下引溪水，雨后声益壮；不鼓而自鸣，《猿鹤双清》畅（自注：近世琴谱中有《猿鹤双清》之曲）。泠泠溶溶间，宜听复宜望。石即钟期同，泉可伯牙况。亦弗言知音，此意实高旷。”

五　清风明月本无价　近水远山皆有情

5-48 （宋—元）无名氏：《消夏图》（左页）

品赏文玩书画，这是中国古典园林文化的一项重要内容。尤其是在宋代以后，“文玩学”日渐发达、成为士人文化艺术体系中一个品位很高的分支，许多著名的文人、造园家同时也是文玩书画的收藏和研究者。此图就生动地描写了人们在景致优美的园林中鉴赏文玩书画的场面。

置身园林而从事对文玩古董的品鉴收藏，这在中国园林美学乃至士人文化艺术生活中的日益重要，也可以从宋明以后一批著名文人兼绘画名家争相以此为题材的风气中看得很清楚，这些绘画名作有：（宋）刘松年《博古图》、（明）仇英《竹园品古图》、（明）文徵明《真赏斋图》等等。

5-49 （明）唐寅《事茗图》（局部），纸本设色，纵 31.1cm，横 105.8cm，北京故宫博物院藏

被后人誉为“茶圣”的中唐人陆羽、以及白居易和宋代以后的欧阳修、黄庭坚等众多著名士人，都曾强调山水园林的审美效用乃是提升饮茶品位的重要方式，比如刘禹锡《试茶歌》说：要知晓茶味，“须是眠云跂云人”，北宋大画家、文学家和造园家文同在《北斋雨后》诗中，更描写自己醉心的园林生活内容之中，除了观赏绝佳的园景、吴道子作品那样经典的绘画以外，还有与友人一起品茗饮茶：“小庭幽圃绝清佳，爱此常教放吏衙。雨后双禽来占竹，秋深一蝶下寻花。唤人扫壁开吴画，留客临轩试越茶。”清代著名学者阮元更认为，饮茶本身就与隐逸文化一脉相通，而居身园林中饮茶尤其具有高雅的品位：“又向山堂自煮茶，木棉花下见桃花。地偏心远聊为隐，海阔天空不受遮。儒士有林真古茂，文人同苑最精华。六班（“六班”是茶名）千片新芽绿，可是春前白傅家？”（《正月二十日学海堂茶隐》）无数这类例子都说明，园林与茶事之间的相互渗透和影响，已经是宋明以后园林文化中的重要内容。

元明以后，更有众多热衷表现上述美学宗旨的名画问世，比如元代赵原《陆羽烹茶图》、王蒙《煮茶图》、明代文徵明《惠山茶会图》、丁云鹏《煮茶图轴》（表现“茶圣”陆羽在园林中煮茶品茶的场面）、陈洪绶《烹茶图》（美国大都会艺术博物馆藏）等等。现在举出的这幅《事茗图》亦其中之一。此图为明代“吴门四家”之一唐寅的代表作，描绘文人雅士夏日品茶的生活内容与具体环境。小院置身于群山飞瀑、巉岩巨石、翠竹高松等无尽的景致之间，山下有山泉蜿蜒流淌，厅堂内一人伏案读书，案上置书籍、茶具，附近有一童子煽火烹茶。院落外的板桥上访客策杖而来，一书童携琴随其身后，细致地表现示着主人与来客的情趣所在。泉水从小桥下穿过，透过画面似可听见潺潺水声、领略其茶香之远溢。此图的引首有文徵明隶书“事茗”两个大字，更突出了在山水园林环境中品茶乃是一种文化“事业”的定位。

5-50a　宋 · 无名氏:《 荷塘按乐图 》

5-50b　明代版画中描绘的园林舞乐场面

上面两幅绘画，分别是南宋院派作品和明代后期版画中的上品。它们不仅都达到了中国绘画艺术上的高超水平，而且真切地描绘了园林中的大型歌舞场面；尤其表现了园居者在如此景观环境中欣赏乐舞时，那种包揽世间秀色的铺陈和靡丽情调。

5-51　豪门宅园中的夏日饮食环境

在这幅明代版画描绘的场面中，水阁内主人夫妇一面纳凉、一面对酌，水阁檐下的凉棚高张，周围竹林森然，陆上的藤萝架、竹林与池中的荷花相映成趣……所有这些都显示出人们在家居和饮食环境设置上的充分艺术化。

5-52　苏州留园中表演昆曲《牡丹亭》时的场景

在这样的园林环境中品赏“原来姹紫嫣红开遍，似这般都付与断井颓垣。良辰美景奈何天，赏心乐事谁家院。朝飞暮卷，云霞翠轩，雨丝风片，烟波画船，锦屏人忒看的这韶光贱”等等曲词和表演之美，人们领略到的当然是一种分外真切而又典雅完整的艺术形态。

5-53　明·竹雕“听泉图”笔筒

宋明以后，研、墨、笔筒、笔洗、搁臂等众多文房用具的文雅化趋势非常明显，并且与同时期日渐发达的室内装饰陈设艺术（包括文玩、书画和盆景的陈设，家具艺术，槅扇、落地罩等各种室内细木装修等等）相互影响和辉映，此件作品就是实例之一。在技艺上，作者综合运用浮雕与透雕的手法十分娴熟，于是在方寸空间内塑造出山石、松树等景物的奇伟挺拔姿态，人物造型洗练，线形刀法具有劲健浑厚的力度感；而“听泉”的主题更突出了文人园林特有的艺术品位——总之，这件作品具有典型的明代雕塑风格，是古代文房用具中的精品。

5-54a、54b 《坐隐棋谱》中的版画插图

中国园林与围棋艺术相关联的例子很多，其中最著名的就是淝水大战时，东晋统帅谢安指挥若定，在园林中一边与谢玄对弈，一边等待战报；这以后，弈棋一直是文人山水园林文化中的重要组成部分（绘画史上的名作、五代周文矩《重屏会棋图》就描绘了山水画与围棋艺术的相互映照）。

《坐隐棋谱》(全名为《坐隐先生精订捷径棋谱》)中的版画生动地描绘了文人雅集于园林而对弈的情形，展示了园林之中丰富文化艺术活动的这个具体侧面。此《棋谱》为明代汪廷讷撰，版画为汪耕画、黄应祖刻，万历三十七年环翠堂刊本。版画对于园林空间和园林景观丰富变化的刻画娴熟流畅，显示了在画面空间的结构能力和刀法力度上的成就。

5-55 （元）佚名：《荷亭对弈图》，纵 24cm，横 24.5cm，故宫博物院藏

此图描绘文人在自己宅园的水轩中对弈消夏之情形。水榭中二士人对弈，另一士人侧卧床榻，一手支颐观局。水轩外沿有栏杆、美人靠等精致的木构件，轻灵的槅扇则大多摘掉（南宋绘画中就经常可见此种设置，说明这是当时南方高级建筑中的常用形制）以便夏日纳凉。水轩外绿柳掩映，池中遍植莲花，一派曲院风荷的静谧。图中又有三侍女，或在池边取水、或执扇观鱼、或在室内伏案。总之，图中展示的，是文人的文化精神生活、家宅中日常的生活氛围、精致的园林景观这三者之间充分融合辉映的艺术境界。

说到围棋艺术，很常用的一个说法就是“手谈”，不过今人未必都理解其意思。因为“手谈”一词出自《世说新语·巧艺》，原文是：“王中郎以围棋是坐隐，支公以围棋为手谈”——这里所谓“手谈”之“谈”，并非指通常意义上对话与交谈，而是“谈玄学”“谈哲理”的意思，魏晋名士经常用此省略句式，比如《世说新语·文学》：“傅嘏善言虚胜，荀粲谈尚玄远”；“（诸葛宏）始与王夷甫谈，便已超诣”等等。所以“坐隐”和“手谈”的意思是：通过围棋，名士们能够以一种不需要实地游览的方式而进入山水隐逸的境界，也能够以无言无声的方式而又如“玄谈”“清谈”那样深入心灵地交流哲理。正因为这样的原因，所以在中国文化比较深致的精神层面，围棋就与山水园林完全相通。

逸思入微茫

——构建园林艺术深致的哲学向度

在一般人的印象中，园林是一种大尺度的空间造型艺术，而哲学是一种思辨形态，这两者有着一显一隐、一具象一抽象等显而易见的区别，所以它们之间的关系可能就是陌路相隔、参商而悖。然而实际上的情况完全不是如此，因为中国古典园林与中国古典哲学之间不仅有着千丝万缕的联系，而且这种联系所涉及的更是相当深刻的文化层面。

中国古典园林与古典哲学之间具有必然而密切的联系，这是因为哲学所要探讨的，归根结底乃是“宇宙间的秩序是根据什么而建立的？”“人类的生命和心性在宇宙长河之中到底占有什么样的位置？”“在无尽的宇宙面前，人类如何设计和安顿自己的生命价值、如何面对自己与生俱来的渺小？”等等具有超越性和终极性的问题。如同我们在前面几章中介绍的，中国园林除了具有满足基本生活环境需求的基础功能之外，它更多和更高的目的，就在于以充分艺术化的时空形态为手段，造就出人们身与心的最佳居所。那么，这理想的“身心居所”究竟遵照什么样的方式才能真正建构起来？为什么在这样的境界中，人们的心性才能超越具体的时空局限而实现其超越性的价值？对于园林建构中这些深层次的问题，显然只有进入哲学的层面才能够回答。

古典园林与哲学之间具有密切关联的又一原因，是由于中国文化特点所决定，中国人对于终极性哲学问题的认知，往往不是通过对抽象概念的思辨而实现，相反常常是通过对于生活中习见器物和范畴认知的深化而实现的。举一个典型的例子："宇宙"这个概念是哲学中涵盖一切时空的终极性思辨对象，也就是汉代哲学著作中说的"上下四方曰'宇'，往古来今曰'宙'"。然而大多数中国人对于"宇宙"的理解和定义没有多少神秘玄远的成分，相反倒是从自己居住的屋宇这最直观亲切的空间形制中引申出对宇宙的定义，即秦汉哲学中所说的："四方上下曰宇，以屋喻天地也。"这种对于哲学问题的认知方式一直延续，并且日益深入中国人的心性之中，所以宋代大哲学家张栻就说："至理无辙迹，妙在日用中"——他的意思是哲学本体之学"理"虽然至为高深，但是它又在我们的日常生活中无处不在，是可感可知的。所以，这样一种以人们居住生活的环境为基点而进入哲学视域的认知路径，当然就会给予园林与哲学关系以重要的影响。

人们通过园林而体认和表现有关哲学的问题，其具体形式非常多，这里只能择要举出几种比较典型的方式。

5-56　苏州网师园中的“集虚斋”室内

自《老子》中“致虚极，守静笃”的格言以后，“虚”成为了中国哲学中的重要命题，其基本含义是形容宇宙本体所具有的超越物象而又无所不在的存在方式。后来的中国士人文化和园林艺术，为了表现超越时空局限而企及无限境界的意向，就常常以“虚”作为诸多具体园林景观之中更具本体意义的审美内涵。

5-57　北京颐和园正门外的牌楼以“涵虚”二字概括全园主题

在中国园林建筑中，牌楼是一种标志性和提示性的建筑。因为造园家的理想，是通过构建无数具体的园林景观而表现出含蕴万有的宇宙模式和充分和谐的宇宙秩序，所以就借助中国哲学的概念，用“涵虚”这个高度概括性的题额标示整座园林的上述主旨。

其一，以哲学中的经典性概念和命题作为营造园林意境的基本理念，从而使园林中原本纷繁常见的景观得到主题上的聚焦和升华。以下几个例子在这方面就有相当的代表性：

5-58　苏州狮子林中的“真趣”亭

“真”在中国文化中是一个重要的哲学命题，用以形容保持着天质自然而未被人为规范所羁縻束缚的那样一种生命状态（见《庄子・秋水》），以后，“真”更成为在生命伦理学和美学上具有崇高地位的命题，比如苏舜钦《沧浪亭记》就说：自己在这座园林之中的“洒然忘其归，觞而浩歌，踞而仰啸，野老不至，鱼鸟共乐”，乃是一种充满“真趣”的生活和审美方式。由于这样的原因和传统，于是历代园林艺术也就经常以“真意”“真趣”这些具有哲学意味的命题作为构景的宗旨，除了本图所示的例子之外，我们在苏州拙政园中也可以看到“得真亭”。

5-59　以哲学家邵雍诗句命名的苏州网师园“月到风来”亭

“月到风来”亭是苏州网师园（苏州园林代表性作品之一）中最富艺术魅力的主景，一般游人往往只是很直观地观赏其四季景致。其实此景区所追求和表现的意境颇有深度，因为它袭用了理学通过山水园林审美而把握宇宙生机、体悟人性内涵的哲学方法。甚至连“月到风来”四个字也直接来自宋代理学宗师邵雍描写自己园林的著名诗句，即《清夜吟》中所说：“月到天心处，风来水面时。一样清意味，料得少人知。”

其二，因为园林是以最具美感的方式表现着山水草木等自然万物的丰富与和谐状态，所以园林的这种意境，就成为人们体味、认知和把握世界本体性质的很好门径。这样，园林景观就在其直观和表面美感价值的基础上，还更深地蕴涵或者被赋予了哲学上的意义。

我们知道随着中国文化在其发展后期的日益精致和成熟，宋明以后的中国哲学非常重视以山水草木等一切自然景物的和谐亲切，来象征和表现宇宙本体的基本属性，所以在山水园林中欣赏各种景物的和谐优美、生机无限，除了其直观审美价值之外，更被中国哲学认为是了解和理解宇宙本质最好的方式。下面的几图就是典型例子（图 5-59—图 5-65）：

5-60 广州余荫山房中的“闻木樨香轩”

5-61　苏州留园中的“闻木樨香亭”

“闻木樨香”已经成为宋代以后园林的一个常用主题，除了这里举出的两个例子之外，苏州“渔隐小圃”等园林中也都有表现这个主题的景观建筑。在一般的观赏者看来，这里不过是南方园林中为秋季品赏桂花（木樨）姿态和异香而设的景点，然而实际上，“闻木樨香”出自哲学史上的一个典故：宋代黄庭坚探究哲学和禅学的深意，晦堂禅师告诉他：“道”这个哲学本体虽然深刻，却又是显豁而“无隐”的，黄庭坚对此总是不得其解。秋日一天，黄庭坚与晦堂禅师同行于山间，当时正值岩上的桂花盛开，于是晦堂问他是否闻到了浓郁的花香，并告诉他“道”的形态也如这花香一样，虽然不可见，但是上下四方无不弥满，所以“无隐”；于是黄庭坚豁然明白了“道”的这种存在方式和运行特征——宋代以后园林中经常设置的“闻木樨香轩”“无隐山房”等景点，其立意都在于袭用这个典故而表明审美者对哲学本体那种四处充盈、沁人心脾之存在状态的理解。

5–62　上海嘉定县古漪园中的“鸢飞鱼跃”

5-63　苏州留园中的“活泼泼地”

宋明哲学认为：山水景物的生意盎然、天机流动，反映着宇宙本体和谐运作之下整个世界本质性的生命状态，最值得认真体味和大力彰显；于是宋明哲学家们就以“鸢飞鱼跃”和“活泼泼地”来形容世界的这种充满内在生机，并将其作为理学的基本命题之一。而反过来，中国后来的园林艺术受到宋明理学的深刻影响，所以经常以这两个概念作为造景的主旨。

5-64　北京颐和园“观生意”

宋明以后的中国哲学积极提倡通过对自然景物和山水的审美，进而体悟到宇宙中无限的和谐生机。所以从北宋邵雍、二程开始，理学家几乎无不标举“观物”“观造化之妙”“(从草木繁衍不息的生态中)见造物之生意”。而园林中“观生意”的构景主题，就是对理学这一命题的直接承袭，延续至明清，“静观万物”“观万物之生意”更成为园林中一个十分常用的母题，比如玄烨(清康熙皇帝)在杭州西湖湖心亭的题额为“静观万类”，上海嘉定秋霞圃中有“静观自在”、苏州留园中有“静中观”等景点。而它们的立意，都是通过造园审美而把握和理解中国哲学对于宇宙本体的基本定义。

5-65　元·孙君泽:《高士远眺图》(东京日本国立博物馆藏)

南宋陈亮曾写词赞叹南宋大哲学家朱熹在其武夷山园林中的审美境界是:“且向武夷深处,坐对云霞开敛,逸思入微茫。”朱熹与张栻两位大哲学家,也曾联句描写居身岳麓山书院园林中的观感:“烟云眇变化,宇宙穷高深;怀古壮士志,忧时君子心。寄言尘中客,莽苍谁能寻。”而此幅《高士远眺图》所表现的,也正是这种能够在非常有限的园林空间中,将自己的心性胸襟融入无限天地境界的旨趣。

其三，古典园林因为艺术化地呈现着宇宙间的时空结构，尤其是深刻地表现着审美者个体生命的价值在宇宙时空的地位，表现着个体的生命过程与整个宇宙过程的关联，所以也就在其深致的层面之中蕴涵着一种引发人们哲学思考的动因。

从前面举出的几个例子中读者也许会觉得，似乎只有运用了哲学的概念、命题，借助了哲学家的思辨方式和表述语言，人们对于园林景观的审美才能进入哲学的层面。然而实际上的情况完全不是这样，这是因为人们对于认知宇宙和世界的无尽渴望、对于理解和把握自己生命在宇宙中位置的企盼等等，所有这些深刻的欲求与生俱来地植根于人性之中，它们才是哲学之本，是先于一切具体哲学概念而存在的基因性的东西。

举例来说，不论西方还是东方人，都会感觉到在宇宙背景之下自己人生旅途的飘忽不定和个人命运的轻微；都会从心性的深处，生发出去探究找寻心灵安宁居所和生命归途的欲求，所以不论是在西方还是在东方，对于个体生命过程与世界时空过程这两者之间关系的体味和思考，都是各自文化艺术中重要的内容。只不过在西方经典艺术中，比较多的是用多乐章音乐中的复杂音乐要素、丰富的情感对比、多乐章之间的时空结构等等来表现这些内容——贝多芬的《命运交响曲》、舒伯特声乐套曲《流浪者之歌》(*Winterreise*)、马勒的声乐套曲《旅行者之歌》

5-66　宋·刘松年《四景山水图》中的夏景

刘松年的《四景山水图》，因为在绘画风格、笔墨技法、空间构图、对于文人园林生活环境描写之精细写实等众多方面的高度成就，所以在中国绘画史和园林图像史上都具有十分重要的地位。而与本章所述内容尤其相关的是，这组绘画虽然不是如图 5-67 中那样的长卷，但是仍包含了类似的时空结构：它们完整地表现了园林中的生活方式和审美内容是如何随着四季的迁迈而不断发生着变化并形成了一种契合于天地万物四时运迈的和谐韵律。所以可以说：这类初看起来丝毫不具备哲学意味的园景画面，其实却真切地表现着中国人是如何以自己特有的方式，来理解和表现宇宙间的动静关系、时空结构。而生活主体、审美主体与宇宙运迈过程之间的这种相互感通、相互融入的方式，不仅深刻地反映着中国哲学的终极命题，而且更生动地反映着人们企及这一终极命题的认知路径——这也就是宋代哲学家和园林家邵雍描写自己园林生活时所说的："身安心乐，乃见'天人'。"（大家知道，"天人之际"始终是中国哲学最具根本意义的问题。）

（*Lieder eines fahrenden Gesellen*）和声乐与乐队交响曲《大地之歌》（*Das Lied Von der Erde*）等等都是有名的例子。以马勒《大地之歌》这部西方人根据中国李白、王维等人若干诗篇而连缀谱写的伟大音乐作品而言，其五个段落分别为《叹世饮酒歌》《秋日孤独者》《青春》《美女》（李白原诗为《采莲曲》）、《春日醉客》，由此可见如何安置生命旅途与宇宙时空进程之间的关系，也是西方艺术深刻探究的主题之一。

而在中国，艺术对于审美者生命过程、心性情感等等与宇宙时空关系的探究和表现，经常采用一些更具本民族艺术和文化特点的形式，比如文学领域中吟咏历史沧桑的“咏史诗”、比如绘画中的“长卷”、组画等等。然而，不论具体的形式如何，其更核心的问题，还是要在依托具体时空形迹的基础上，建构起一个艺术眼光乃至心性之光的支点，使其能够通过这样的入口而进入生命旅程和无限宇宙长河的脉络之中，请看图 5-66、图 5-67。

5-67　元·何澄:《归庄图》(局部)

《归庄图》是一幅 0.4 × 7.23 米的长卷巨帙，内容是根据《桃花源记》而逐段描写陶渊明进入“桃花源”的整个过程。由于展览和印刷条件的限制，一般观众较少有机会稍微完整地欣赏到中国绘画史中的众多长卷作品，但我们应该注意的是：理解“长卷”这种艺术形式，对于读懂中国绘画、读懂中国园林和中国哲学都有重要意义。

“长卷”之所以在中国绘画史和园林图像史中占有重要地位（较之本图更具经典意义的作品还有很多，比如王维《辋川图》、黄公望《富春山居图卷》，后者尺幅为 0.33m × 6.36m），这与中国美学对于空间关系、主客体关系等问题的认知方式有直接

关系，说到底这还是一个哲学的问题：从中国哲学和美学的立场来看，人们完全不是从一个独立于艺术对象之外、固着恒定的焦点出发，来看待世界的面目和理解世界运迈迁化的进程；相反，艺术家始终置身于与艺术对象共通的时空界域之内，始终是在自己生命流程与天地万物生命流程相统一的维度中，体悟艺术的真谛。所以对于世界和艺术心性历时性“过程”的观察和表现，就成了中国艺术中的重要内容。而绘画中的“长卷”、园林中绵延起伏的景观序列和空间序列等等，无疑正是表现这种“过程”（尤其是表现艺术家如何进入、经历、用审美心绪以品味体察世界之过程）的上佳艺术方式。

那么具体到本书着重介绍的中国古典园林，它在为人们提供一种优美物质居所的同时，是否也能够同时在哲学层面提供最佳的角度，使人们有机会在自己心性的深处，面对和思考人生和世界之中一些更具终极意义的问题呢？读者可比较图 5-67、5-68 这两帧照片。

5-67 在北京颐和园看丽日下的西山景色

风和景明之时，西山清晰地展现出延绵不尽的意态。山峰上的宝塔与各种园中建筑（六座形态各异的桥等等）形成了远近、高低等多重的错落、对比与组合。园中水面上水鸟的乍远乍近，天际云影的起落飘忽等等，都使得园林景色之中含蕴了无限的生机——这也就是宋明以后园林美学非常崇尚的“活泼泼地”和“鸢飞鱼跃”的境界。

5-68 在北京颐和园看暮色中的西山景色

与前图相对比可见：暮色中的西山则完全是另外的一种情调——落日映衬之下，由山峰和宝塔勾勒出的天际线非常沉静大气，而曾经在丽日下楚楚动人的“西堤六桥”则完全隐没在一派苍茫之中；经过白天的喧攘和波澜之后，水面则变得含蓄深致。置身于这种园景和气氛之中，每个有心的观赏者，大概都会对光阴的流逝与景色的变幻、对自己的个体生命在时空长河中的位置、对人类心性与这无尽宇宙的关系等等终极性的问题，发出一点儿具有哲学意味的遐想和感悟。

仔细看完这样的园景之后，我们也许就可以告诉读者：不论是就哲学领域还是就哲学与园林山水审美的关系而言，那些具有根本意义的问题，往往是从普通人们的生命源头、从寻常生命方式中生发引申出来的。因为这样的原因，中国哲学才会对“子在川上曰：‘逝者如斯夫’”[1]的命题予以越来越多的重视；也正因为如此，所以陶渊明用最平实易懂语言所抒写的那些内容——面对“天气澄和，风物闲美。……临长流、望层城，鲂鲤跃鳞于将夕，水鸥乘和以翻飞”的美景，心中涌出“日月之遂往”“吾年之不留”等等感悟（详见陶渊明：《游斜川》）——才会在千百年中感动和启发过无数的后人。

总之，通过对于园林和自然景观的观照，我们有了一个非常具体又充分艺术化的窗口，通过它而能够真切体认参悟自己生命在宇宙运迈过程中的位置和价值，并赋予我们的生命以一种具有哲学意趣的向度和界域，赋予它一个进入哲学层面而实现超越性的门径。也许，这个根本路径系统的建立，是比成功地表现和阐发任何个别的哲学命题都更有意义吧。

1　二程、朱熹等宋代哲学家都反复强调“子在川上曰”这一命题所蕴含的深刻意义，并认为山川万物这种和谐运行迁化的状态和过程，其实最能体现出宇宙本体的性质，即中国哲学中所说的“道体之自然”。

结语

门前红叶地 不扫待知音

当我们匆匆浏览了中国古典园林这座精美的艺术殿堂之后，一定会觉得它能够给我们不少启发，比如：由于种种原因，今天人们比以往任何时候都更强烈地感觉到了生活空间的局促，感到了生活内容的单调无趣、简单粗鄙等等环境和生存方式带来的弊端。而对比之下，古典园林艺术能够在“壶中天地”之中汇集丰富的生活内涵和艺术内涵，追求有限空间内人居环境与自然的和谐及其高度的艺术化，这种致力的方向就实在值得人们长久体味。

而如果做更深入一些的考虑，则中国古典园林给予我们的触动可能还有许多。比如黑格尔曾说：在有教养的欧洲人心中，一提到“希腊”这个名字，就会自然而然地产生一种非常亲切的“家园之感”。这是因为欧洲人所拥有的其他许多东西都不难从别处得到，但唯有诸如科学、艺术等等“凡是能够满足我们精神生活，使精神生活有价值、有光辉的东西，我们知道都是从希腊直接或间接传来的”（《哲学史讲演录》）。他这番话说明了一个道理：人们在生命的最高价值层面，在深致的心灵生活中，需要一种能够使自己得到归宿的“家园感”，而这种家园感是不可能凭空获得的，它必须凭借一种深厚文化艺术积淀的滋养才能建立；也只有这个源泉，才具备能力使得人类文化跨越几千年的传承，而历久弥新地不断产生出“有光辉的东西”，不断使人们的心智得以在一个美好而充满艺术气氛的家园中安身立命。

那么，在了解了中国古典园林悠久的历史和丰富的文化艺术内涵之后，我们似乎可以借用黑格尔的上述说法而得出结论：中国古典园林所满足的，远不仅仅是人们安置身家、赏玩景致等等功利和享乐的需要，因为较之所有这些更为根本得多的，乃是人们在满足一般生活和愉悦耳目的需要之同时，又不断努力建构起一个“有价值、有光辉”的文化集萃之地，建构起一个能够使人们心智获得滋养和归宿感的“家园”；而这样的建构当然是出于我们生命和文化一种根本的需要。唐代一位才情过人的女诗人曾描写园林的景色以及自己居身园林时的心境："月色苔阶净，歌声竹院深；门前红叶地，不扫待知音。"（鱼玄机《感怀寄人》）——人们在建构起物质的、艺术化的家园之同时，也就建立起希望使自己生命意义得到确认、并赢得"知音"那样一种深情的期盼，这可能就是中国古典园林（以及它对于经典文化的丰富包容能力）能够引起从古到今的人们无限倾心的原因。

在今天的世界上，物质手段和技术能力的加速膨胀或许越来越有理由促使人们发问：古典的艺术、古典的精神，真的还能像黑格尔所说那样具有历久弥新的"价值"和"光辉"吗？然而同时，正是在工具理性加速扩展的过程中，人们才有机会空前深刻地体味到自己的渺小，体会到当年苏格拉底判别世俗知识与那种只能由神明谨守、体现着宇宙本性的知识之间，有着怎样一种永远不可能完全逾越的界限（详见〔古希腊〕色诺芬《回忆苏格拉底》第一卷）。

那么在今天这样一个似乎是越来越理性化和功利化的世界中，如何才能经常去体味苏格拉底强调的那种从超越我们自身的视角而对于人类天性、心灵的审视和升华呢？笔者的体会是，经常亲近和品味古典的艺术，这也许就是最方便、也最有效的方式。因为古典艺术的美轮美奂，其价值早已超越了那种愉悦耳目的层面，对于后人来说，它们有着永远不可再造、不可企及的魅力，所以在某种意义上，它们就体现了那种超越了人们自身知性和生存方式的局限，因而具有苏格拉底所珍视的那种“神性”的意味。

而根据笔者的经验，在中国古典艺术的众多门类之中，园林因为它在功能和空间形态上的特点，以及它对众多文化艺术门类包容广度上的首屈一指，因此可以给予我们的启发也就最为丰富直观、生动和真切——让后来的观赏者们更多一些地理解这门艺术、更深入一些地去感知它何以能够创造出那样和谐深致的“家园之感”，这也许就是作为古典园林创建者的一代又一代艺术和文化宗匠们，留在历史长河中一份对后人的期许。

『幽雅阅读』丛书策划人语

因台湾大学王晓波教授而认识了台湾问津堂书局的老板方守仁先生，那是2003年初。听王晓波教授讲，方守仁先生每年都要资助刊物《海峡评论》，我对方先生顿生敬意。当方先生在大陆的合作伙伴姜先生提出问津堂想在大陆开辟出版事业，希望我能帮忙时，虽自知能力和水平有限，但我还是很爽快地答应了。我同姜先生谈了大陆图书市场过剩与需求同时并存的现状，根据问津堂出版图书的特点，建议他们在大陆做成长着的中产阶级、知识分子、文化人等图书市场。很快姜先生拿来一本问津堂在台湾出版的并已成为台湾大学生学习大学国文课的必读参考书——《有趣的中国字》(即“幽雅阅读”丛书中的《水远山长：汉字清幽的意境》)一书，他希望以此书作为问津堂出版社问津大陆图书市场的敲门砖。《有趣的中国字》是一本非常有品位的书，堪称精品之作。但是我认为一本书市场冲击力不够大，最好开发出系列产品。一来，线性产品易做成品牌；二来，产品互相影响，可尽可能地实现销售的最大化，如果策划和营销到位，不仅可以做成品牌，而且可以做成名牌。姜先生非常赞同，希望我来帮忙策划。这样在2003年初夏，我做好了“优雅阅读”“典雅生活”“闲雅休憩”三个系列图书的策划案。期间，有几家出版社都希望得到《有趣的中国字》一书的大陆的出版发行权，方先生最终把这本书交给了我。这时我已从市场部调到基础教育出版中心，2004年夏，我将并不属于我所在的编辑室选题方向的“幽雅阅读”丛书报了出版计划，室主任周雁翎对我网开一面，正是在他的大力支持下，这套书得以在北大出版社出版。

感谢丛书的作者，在教学和科研任务非常繁重的情况下，成全我的策划。我很幸运，每当我的不同策划完成付诸实施时，总会有一批有理想、有追求、有境界，生命状态异常饱满的学者支持我，帮助我。也正是由于他们的辛勤工作，才使这套美丽的图文书按计划问世。

感谢吴志攀副校长在百忙之中为此套丛书作序并提议将“优雅”改为“幽雅”。吴校长在读完“幽雅阅读”丛书时近午夜，他给我打电话说：“我好久没有读过这样的书了，读完之后我的心是如此之静……”在那一刻我深深地感觉到了一位法学家的人文情怀。

我们平凡但可以崇高，我们世俗但可以高尚。做人要有一点境界、一点胸怀；做事要有一点理念、一点追求；生活要有一点品位、一点情调。宽容而不失原则，优雅而又谦和，过一种有韵味的生活。这是出版此套书的初衷。

杨书澜

2005 年 7 月 3 日